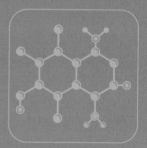

個人データ戦略活用
ステップで分かる

改正
個人情報
保護法

実務ガイドブック

日経BP

本書の構成

　本書は2022年4月施行の改正に合わせて、個人情報やプライバシーの保護に取り組む実務担当者向けに、実務の進め方や注意点を解説している。しかし、近年は個人情報保護法を順守していても、オンライン上で炎上したりマスコミから疑問視されたりすることが増えており、より広範囲に気を配る必要が出てきている。

　そこで本書では、法令順守（コンプライアンス）を超えたプライバシー保護の観点を追加して解説することとし、下記の構成としている。本書の大部分は個人情報保護法を順守するための「3．個人データ活用と保護の実務」にまとめているが、今後は「2．プライバシーガバナンスの実務」も重要になってくる。ぜひ参考にしていただきたい。

1．個人情報とプライバシー、情報セキュリティーの関係

　　まず、プライバシー保護に関連する全体像について把握していただくことを目的としている。

2．プライバシーガバナンスの実務

　　法令順守（コンプライアンス）を超える部分について、実務担当者にできることを助言している。

3．個人データ活用と保護の実務

　　個人情報保護法を順守するための実務作業手順と法令違反とならないためのポイントをSTEPにそって解説している。

4．プライバシーポリシーをどう書くか

　　利用者との接点で最も重要なのがプライバシーポリシーである。法

定公表事項も多くなり、書き方が難しくなってきており、利用者に認知、理解してもらうための工夫も必要になっている。そのため、例示とともに解説している。

その他、最新動向や有益な情報はコラムとして独立させている。

まえがき

　2度目の改正となる2020年公布の個人情報の保護に関する法律が、いよいよ2022年4月に施行される。前回の改正から5年の間に国内外の個人情報を取り巻く環境の変化はますます加速し、個人情報保護法が想定していなかった事態が次々と現れ、制度の更新速度も上がってきている。

　今回の改正では、個人の権利利益の拡大、利活用促進のための仮名加工情報の創設、漏洩時の報告の義務化など、直接的に事業者に影響を与える新たな規律だけではなく、従来の個人情報の定義による枠を広げるような試みも見られる。個人関連情報の創設は、定義の枠外の情報も定義の枠内との関係性で規律できることを示し、不適正な方法による利用の禁止は同意万能主義に歯止めをかけるものでもある。また、外国にある第三者への提供の際の当該外国の個人情報保護制度の情報提供や安全管理措置では、外国での情報保存義務や政府による情報へのアクセスについての注意喚起も含まれている。民主主義国家が結束を強めつつある「信頼ある自由なデータ流通（DFFT：データ・フリー・フロー・ウィズ・トラスト）」について、提唱国である日本が法制度化へ一歩踏み出した証と言えるだろう。

　欧米の潮流を俯瞰すると、個人情報というデータの取り扱いの規律ではなく、人権の保護、消費者の保護といった権利や弱者の保護という文脈の中にプライバシーの保護があるという考え方が顕著になってきている。日本もこれに近づける方向で個人情報保護法の改正を進めてきているが、自ら設定した狭い枠の中で対応するのは困難になってきている。そのため、DFFTとも呼応しつつ、各省庁でプライバシーガバナンスやデータガバナンス、個人情報が集中することによる弊害を見据えたプラットフォーム規制などの議論が活発化している。

　本書は、前回の改正の際の拙著「システム開発、法務担当者のための

4

2015 年改正 個人情報保護法実務ハンドブック」を改訂したものであるが、前述の通り、個人情報保護の潮流は大きく変わろうとしていることから、新たにプライバシーガバナンスについての解説を追加し、個人情報保護を取り巻く最新状況についてはコラムで触れている。法令順守である改正法への対応だけではなく、社会の要求として拡大していくプライバシー保護への対応にも有益となることを念頭に置いている。直近の実務だけではなく、今後の事業計画やプライバシー保護の体制構築の一助となれば幸いである。

目次

1.

個人情報とプライバシー、
セキュリティーの関係

1-1
個人情報とプライバシー

　多くの企業は、プライバシーポリシーもしくは個人情報保護方針を策定し公表することで、「個人情報」保護の義務を果たしていると考えていることと思う。しかし、ポリシーや方針を策定する企業が増える一方で、消費者や社員ら個人の視点では自身の「プライバシー」が本当に守られているのか、ますます不安になってきているのが実情だろう。

　あえて「個人情報」と「プライバシー」を書き分けたが、ここに企業と個人の考え方の違いが明確に表れているからだ。個人が守ってほしいのは「プライバシー」であって、「個人情報」だけではない。

　企業が義務として考えているのは、個人情報保護法という法律の順守（コンプライアンス）である。これによって「プライバシー」が保護されていると考えるのが一般的だが、「個人情報」と「プライバシー」は定義が異なる。「個人情報保護法順守」イコール「プライバシー保護」ではない。

　「個人情報」は法律において定義されているが、「プライバシー」に明確な定義は存在しない。日本では裁判判例による「プライバシーは個人の私生活に関する事柄やそれが他から隠されており、干渉されない状態を要求する権利」として説明されることが多い。ところが近年は「自己に関する情報をコントロールする権利」などと表現されるように、その定義は拡大される傾向にある。

　「個人情報」と「プライバシー」の違いについて個人情報保護委員会はよくある質問集（FAQ）で「個人情報保護法は「個人情報」の適正な取り扱いにより、プライバシーを含む個人の権利利益の保護を図るものです。一方、プライバシーは「個人情報」の取り扱いとの関連に留まらず、幅広い内容を含むと考えられます」としている。「個人情報」と「プライバシー」

は互いにオーバーラップするものの異なる内容であり、特にプライバシーに関してはより広範囲であると言及している。

「個人情報の保護」については個人情報保護法によって取り締まられることになるが、「プライバシーの保護」については、これに特化した法律は存在しない。しかしながら、先の FAQ には「プライバシーの侵害が発生した場合には、民法上の不法行為等として侵害に対する救済が図られることとなります」と記載されている。

差別や不利益を被った場合、名誉毀損、心理的な被害など想定される侵害行為は多岐にわたり、損害賠償や差し止めといった訴訟に直面することになる。また、2019 年に個人情報保護委員会が是正勧告をしたリクルートキャリアによる内定辞退率の販売では、同社だけでなく購入企業に対しても職業安定法違反として行政指導された。このように、他の法律に抵触する場合もある。

さらに近年では、プライバシーに係る情報の扱いについて不安を与えた場合には、企業への不信感からブランドの毀損、不買運動などを通じて業績への影響も懸念されるようになってきている。特に企業などがインターネット上で短期間に大量の非難を浴びせられる「炎上」と言われる事態になるとマスメディアで取り上げられることも多く、当該事業の継続が困難となった事例も少なくない。

これらから、プライバシーの保護とは、個人情報保護法の順守のほか、他の業法や民法の順守、消費者の信頼獲得など多岐にわたる要素の上に成り立つものであることが分かる。

1-2
プライバシー保護とデータ保護

　前述のように「プライバシーの保護」については、明確な定義や依拠すべき統一的な法制度もなく、企業にとっては対応に窮するのが実情であった。この状況に対応するために、2020年8月、経済産業省と総務省は「DX時代における企業のプライバシーガバナンスガイドブック」を発表している。個人情報に限られない企業が取り組むべきプライバシーガバナンスの構築についてまとめている。

　「ガバナンス」とは「統治」と翻訳される通り、プライバシーの保護に関する企業の管理体制全般について言及したものとなっており、今後の企業によるプライバシー保護の在り方についてのベースとなることが期待されている。実務担当者が実施し得るプライバシーガバナンスについては、次章において解説しているので参照してほしい。

　一般に個人情報保護は個人情報と定義されたデータの適正な取り扱いであるとされているため、「データの保護」としてセキュリティーの一環であると捉えている企業が多い。組織体制の実態も、セキュリティー部門や情報システム部門が個人情報保護の責任部門とされている場合も多い。

　しかし、データの適正な取り扱いは消費者への説明や消費者の権利への対応など、データの保護に限られない。個人情報保護においてセキュリティーと重なるのは安全管理措置が主であるが、必ずしも同一ではない。

　さらに最近はデータの取り扱いについて「データガバナンス」の重要性が喧伝されている。この場合には個人情報に限らず企業秘密の情報まで含んだ企業のデータ資産すべてを対象とした管理体制の構築を表している。データの保護やセキュリティーについても、様々な切り口や対応方法が語

られており、全体を俯瞰した整理に基づく体制構築が重要になっている。

　以上のように「個人情報保護」「プライバシー保護」「セキュリティー」「プライバシーガバナンス」「データガバナンス」は、それぞれ重なり合いながらも対象と目的が異なっている。セキュリティーはデータガバナンスに完全に含まれ、プライバシー保護はプライバシーガバナンスに完全に含まれているので、プライバシー保護を中心においてそれぞれの関係性を俯瞰すると、「データガバナンス ＞ プライバシーガバナンス ＞ 個人情報保護」といった構図に近いだろう。

　本書では最新のプライバシー保護対策について、企業実務の一助となることを目的としているので、コンプライアンスとしての個人情報保護法とガバナンスとしてのプライバシー保護に焦点を絞っている。

1-3
プライバシー・バイ・デザイン

　プライバシーの保護を考える場合に、もっとも基本となる考え方は「プライバシー・バイ・デザイン（PbD）」である。「プライバシー侵害のリスクを低減するために、システムの開発においてプロアクティブ（事前）にプライバシー対策を考慮し、企画から保守段階までのシステムライフサイクルで一貫した取り組みを行うこと」という概念だ。カナダのアン・カブキアン博士が1990年代半ばに提唱したもので、いまや世界中のプライバシー保護法制度に取り入れられている。

　プライバシー・バイ・デザインの基本的なコンセプトは以下の5つである。

1. プライバシーに対して関心を持ち、その問題を解決しなければならない

　ということを認識する

2. 公正な情報の取り扱い（Fair Information Practices、FIPs）の原則を適用する

3. 情報技術とシステムの開発時に情報ライフサイクル全体を通したプライバシー問題を早期に発見し軽減する

4. プライバシーに係る指導者や、有識者から情報提供が必要である

5. プライバシー保護技術（PETs）を取り入れ、統合していく

図表1-1　プライバシー・バイ・デザイン　7つの原則概要

原則	内容
事前的／予防的	事後的でなく事前的であり、救済策的でなく予防的であること。プライバシー侵害が発生する前に、それを予防することを目的とする。プライバシー・バイ・デザインのアプローチは、受け身ではなく先見的にプライバシー保護を考え、対応することが特徴である
初期設定としてのプライバシー	プライバシー保護は、初期設定で有効化されていること。これは、プライバシー・バイ・デフォルトともいわれる。プライバシー保護の仕組みは、システムに最初から組み込まれる。そして、パーソナルデータは、個人が何もしなくてもプライバシーが保護される。個人は、個別に設定を変更するといった措置は不要である
デザインに組み込む	プライバシー保護の仕組みが、事業やシステムのデザイン及び構造に組み込まれること。事後的に、付加機能として追加するものではない。プライバシー保護の仕組みは、事業やシステムにおいて不可欠な、中心的な機能である。ゼロサムではなくポジティブサム
ゼロサムではなくポジティブサム	プライバシー保護の仕組みを設けることによって、利便性を損なうなどトレードオフの関係を作ってしまうゼロサムアプローチではなく、全ての機能に対して正当な利益及び目標を収めるポジティブサムアプローチを目指すこと。企業にとって、プライバシーを尊重することで、様々な形のインセンティブ（例えば、顧客満足度の向上、より良い評判、商業的な利益など）が考えられる
徹底したセキュリティ	データはライフサイクル全般にわたって保護されること。プライバシーに係る情報は生成される段階から廃棄される段階まで、常に強固なセキュリティによって守られなければならない。全てのデータは、データライフサイクル管理の下に安全に保持され、プロセス終了時には確実に破棄されること
可視性／透明性	プライバシー保護の仕組みと運用は、可視化され透明性が確保されること。どのような事業または技術が関係しようとも、プライバシー保護の仕組みが機能することを、全ての関係者に保証する。この際、システムの構成及び機能は、利用者及び提供者に一様に、可視化され、検証できるようにする
利用者のプライバシーの尊重	利用者のプライバシーを最大限に尊重し、個人を主体に考えること。事業の設計者及び管理者に対し、プライバシー保護を実現するための強力かつ標準的な手段と、適切な通知及び権限付与を簡単に実現できるオプション手段を提供し、利用者個人の利益を最大限に維持する

　また、上記を実現するために 7 つの原則が示されている。

　グローバルでのプライバシー保護意識の向上と各国の異なる制度の共通化を念頭に現在、国際標準化機構（ISO）の「消費者保護：消費者向け製品におけるプライバシー・バイ・デザインに関するプロジェクト委員会(ISO/PC317)」において標準化も進められている。国際標準化における「プライバシー・バイ・デザイン」は、広く普及している情報とプライバシーのリスクマネジメント規格である「ISO27000」シリーズのプライバシー領域における上位概念としての位置付けとなる。

　特に ISO27001 は認証のための要求事項であり、情報セキュリティーマネジメントシステム（ISMS、Information Security Management System）の認証として普及が進んでいる。2018 年に ISO27701 としてプライバシー侵害リスクにフォーカスした要求事項が発行され、プライバシー情報マネジメントシステム（PIMS、Personal Information Management System）として認証が始まっている。

　ISMS と PIMS のセットで認証が普及することで、情報セキュリティーとプライバシー保護を目的とする個人に関する情報の両方のリスクマネジメントが、グローバルで共通化されて進展することが期待されている。

また、日本産業規格（JIS)のうち管理システム分野の規格である「JIS Q」において、個人情報を適切に管理するためのマネジメントシステムの要求事項を定めた「JIS Q 15001」は ISO27001 をローカライズした国内規格である。これをベースに個人情報保護法を順守するための認証制度が「プライバシーマーク制度（P マーク）」である。

1-4
プライバシー保護とリスクマネジメント

　海外と日本ではプライバシー保護の考え方に大きな隔たりがある。ISO に限らず海外では、欧州連合（EU）の一般データ保護規則（GDPR、General Data Protection Regulation）や、米国のカリフォルニア州プライバシー権法（CPRA、California Privacy Rights Act）、米国立標準技術研究所（NIST）の「プライバーフレームワーク（Privacy Framework）」をはじめとする各種規格においても、プライバシー保護については「プライバシー侵害のリスクをマネジメントする」ということを基本的な対処方法としている。

　ところが日本では、個人情報の取り扱いについて事前に分類や定義、取り扱い方法や事例を詳細に書き出しておいて、これを参照して可否を判断するような「リスト型」の対応が目立つ。これは個人情報保護法のガイドラインやQ&Aで顕著に見られる傾向である。この方法では、技術の進化や新たなビジネスモデルによるこれまでになかった問題に対しては、参照すべきものが無いために判断が困難となる。

　プライバシーは時代とともに変化し、個人の感じ方にも幅があり、文化や宗教などの様々な社会環境にも影響を受けるものだ。定型的に捉えることにはそもそも無理がある。従って、プライバシーに影響を与える可能性が高いとして抽出された個人情報の取り扱いを規定した個人情報保護法の順守だけでは、プライバシーの保護は十分ではない。

　例えば、2021年4月に個人情報保護委員会は対話アプリ大手の「LINE（ライン）」が個人情報の一部を中国で取り扱っていたことに関して、中国の業務委託先への適切な監督などを求める行政指導を公表した。プライバシーポリシーに利用者への説明があり、中国の企業と委託契約を結んでおり、個人情報保護法違反ではないにもかかわらず当該国における政府によ

る個人情報へのアクセスに対する不安から炎上したり、メディアなどから糾弾されたりした。このような事例が増えていることが、個人情報保護法の順守だけでは利用者のプライバシーは守れないことを如実に現している。

　このような事態を避けるためには、何がリスクであるかを把握し、このリスクを排除もしくは低減すること以外にはない。つまり、プライバシー保護とはプライバシーに関するリスクマネジメントであるということだ。

　リスクマネジメントを考える場合に陥りがちなのは、自社や自組織を守ることに焦点が行きがちであることだ。プライバシー保護の目的は対象となる消費者や従業者等を保護することである。その結果として、自社や自組織がリスクから免れることとなる。

1-5
リスクマネジメントの方法

　プライバシー保護におけるリスクマネジメントの考え方そのものは、実はそれほど難しいものではない。要点は以下である。

①リスクを特定
②リスクの大きさを決定
③リスクが発生する頻度を決定
④②と③をマッピングして優先順位を決める
⑤優先順位に従って対策を決める
⑥対策を実行する

　単純化すると、リスクが大きく発生する頻度が高いものが対策の優先度

が高く、リスクが小さく発生頻度が低いものは優先度が低いとなる。例えば法令違反や事業継続が困難になるもので発生頻度が高いのであれば、取り組み自体を中止するといった方法である。ただし、法令違反については発生頻度の高低に関わらず中止または代替の方法とするといった例外的なものもある。

　また、リスクマネジメントで重要なのは「○か×か」といった単純な結論とするものではないということだ。リスクが低いものについては「低減」「放置」という対応も含まれる。つまりリスクの受容度を検討するために行い、受容できる範囲に収まるように対策することがリスクマネジメントである。

　代表的な例では、情報の漏洩の考え方である。情報の漏洩を完全に排除することは事実上不可能である。だからといって、情報を扱うことを中止すれば事業そのものが成り立たなくなる。こういった場合には「低減」という考え方で、受容できる範囲に抑えることになる。例えば、情報を暗号化する、漏洩に備えて記録を取る、漏洩した場合に被害を最小限にするための方策をあらかじめ用意しておくといった対応があり得る。このような対策を講じることがリスクマネジメントの代表的な方法である。

図表1-2　リスクマネジメントの方法

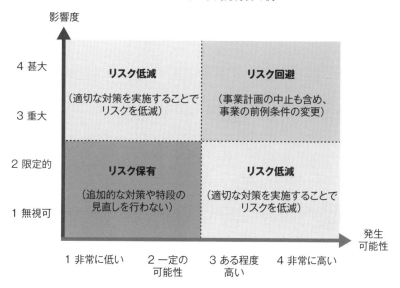

プライバシーリスク対応方針の例

（出所:個人情報保護委員会「PIAの取組の促進について」）

2.

プライバシーガバナンスの実務

2-1
DX に伴うプライバシーの課題

　2021 年はデジタル庁が設置されるなど、社会はデジタルトランスフォーメーション（DX）の推進に拍車がかかっている。DX はデジタル化することが目的ではなく、デジタル技術の活用によって社会や企業を変革することが目的である。

　そのためには、サイバー空間だけではなくフィジカル空間の情報や活動もデジタルのデータとして利用可能にすることが重要となる。あらゆる情報がデジタルデータ化されていく中には、人のデータ、人の活動のデータも含まれている。これら様々なデータが集積され、分析されることによって新たなイノベーションが生まれることが期待されている。

　その一方で、人のデータ、人の活動のデータの利用が拡大すると、これまで想定しえなかった弊害が起こる可能性も出てくる。「特定の個人を識別できる」「他の情報と容易に照合して特定の個人を識別できる」として個人情報の保護を規定した個人情報保護法の順守だけでは守れないプライバシーの侵害も想定される。

　例えば、貧困地域や特定の人種が多い地域といったデータによって情報やサービスの提供が差別される場合、Web サイトなどへのアクセス履歴を基にしていて単体では特定の個人は識別できない「cookie（クッキー）」や、様々な識別符号、位置情報が行動履歴により推知されたデータで不利益を与えてしまったなどの場合は、社会的な認識としては問題があると考えられる。

　こうした問題は個人情報保護法違反とは言い難いものの、このような事態を生じさせた企業は社会的な信頼を失い、場合によっては事業の継続性にも影響を与えることになりかねないだろう。

　プライバシーの侵害とは、法律違反の有無にかかわらず、結果的に人々

を差別的に取り扱ったり、不利益、不快感を与えたりすることである。DXの進展に伴うデータ活用の拡大により、どのような差別や不利益、不快感を与えることになるのかをすべて予測して事前に法的な手当てをすることは不可能といっていいだろう。

　従って、企業は自らの事業や活動について熟考し、不利益や差別、不快感を与えることがないかを検討する必要がある。

2-2
プライバシーガバナンス構築のための概要

　DX時代に拡大するプライバシーの不安や課題を企業自らが対応し、リスクを回避または低減する有効な方法として、企業におけるプライバシーガバナンスの構築が考えられるようになってきた。しかし法制度もないなかでプライバシーガバナンスの構築を呼びかけても、大半の企業は何をすればよいのかなかなか見当がつきにくいのが実情だった。

　そんな企業担当者らの声を受けて、2020年8月に総務省、経済産業省が共同で「DX時代における企業のプライバシーガバナンスガイドブック」を発表した。このなかで、プライバシーガバナンスの必要性や構築するために必要なポイントを取りまとめ、有用な資料や事例なども提示している。

　プライバシーガバナンスの構築には全社的な取り組みが必要となるため、ガイドブックは経営者、事業責任者を対象としている。本書では実務担当者が個人情報保護を超えるプライバシー保護に参考となるポイントをまとめている。

　とはいえ実務担当者にとって取り組むべき内容の全体像や、あるべき姿が見通せていないと、間違った取り組みや迂遠な取り組みとなってしまう恐れがある。そこで、まず構築のための概要を説明しよう。

　主な項目は以下になる。

1．経営者が取り組むべき三要件
　　①プライバシーガバナンスに係る姿勢の明文化
　　②プライバシー保護責任者の指名
　　③プライバシーへの取り組みに対するリソースの投入

2．プライバシーガバナンスの重要事項
　　①体制の構築
　　②運用ルールの策定と周知
　　③企業内のプライバシーに係る文化の醸成
　　④消費者とのコミュニケーション
　　⑤その他のステークホルダーとのコミュニケーション

　プライバシーガバナンスは全社的な取り組みとなることから、経営者のコミットメントが重要になる。実務担当者としては、前項に記載したプライバシー侵害の可能性の拡大、社会的なプライバシー意識の高まり、プライバシーリスク管理の重要性などについて上司や経営層に情報を提供、説明し理解してもらうことが重要になるだろう。

　問題が起きた際、事前にリスクを説明していなかった場合には、当然、担当者の責任にもなる。従って、経営者に理解を求めるための情報提供は実務担当者の役割でもある。

2-3
実務担当者による体制構築

　企業などの事業者はプライバシーの保護のための体制を構築することが何よりも重要である。ただしその前に、そもそも何をするための体制であるかの目的と範囲を明確にすることが重要である。目的と範囲を端的に表すと以下になる。

　目的：リスクマネジメント
　範囲：コンプライアンス（法令順守）を超えたプライバシーに関連する
　　　　情報の取り扱い

　目的と範囲から考えると、いかに問題が起きる前に「プライバシーに関連する情報」を入手して、「取り扱い」を判断し、対応策を実施できるかであると分かる。つまり、「①情報を入手する仕組み」「②判断し対応策を策定する仕組み」「③対応策を実施する仕組み」の３点が体制構築の要諦となる。

　このように考えると、企業にとっては現在の体制を拡張すれば可能な場合も少なくない。
　①の情報入手の仕組みは、多くの企業ですでに進められているセキュリティー対策のための体制に、プライバシーに関連する情報を追加することが考えられる。
　③の対応策の実施についても、セキュリティー部門が全社的あるいは部署ごとに実施または指示をする体制があれば、ここに追加することで可能となるだろう。
　このように、現在ある組織や情報伝達の流れに、プライバシーに関連す

る情報をのせることから始めるのが進めやすいであろう。

　問題は②の「判断し対応策を策定する仕組み」である。個人情報保護法の範囲であれば、法務が中心となっているであろう。しかし、これを超えたものについて知見を有する者は、世の中全体でも極めて少なく、まして社内にはまずいないのが普通だろう。理由は単純で、従来にない新しい領域であるからだ。

　プライバシー保護の課題は、時代とともに変化し、人それぞれ感じ方が異なる点にある。従ってリスト化やカタログ化が難しく、都度、検討する必要がある。この場合の考え方としては、事業者目線ではなく利用者目線であることが重要になる。つまり企業内において利用者目線をいかに導入、醸成するかが求められることになる。

　消費者向けサービスを手掛ける「BtoC」の企業であれば、顧客対応部署の人材活用が考えられるだろう。顧客目線のフィードバックは商品やサービスの開発ですでに活用している企業は多いが、プライバシーに関連する情報を取り扱う場合に、顧客対応部署の意見を聞くこともひとつの方法である。

　企業内にプライバシーに造詣のある部署や人員が見つからない場合には、外部に頼る方がよいだろう。企業内でプライバシー意識や知見を高めていく上でも外部の有識者の活用は効果が高い。

　以上見てきたように、方法はいくつか考えられる。後はこれを体制としてどう整えるかにあるが、組織として固めることができなくとも、必要に応じて相談できるルーチンを作ることは実務担当者レベルでも可能だ。プライバシー保護は個人情報保護の延長線上にあることは間違いないため、コンプライアンスを守備範囲としているという言い訳はもはや通じなくなっている。できるところから始めていくしかないと考えよう。

　組織化が進めば、ガイドブックに記載されている例のようにプライバ

図表2-1　実務担当者による体制構築

プライバシー保護組織の企業内での位置付けの例

■プライバシー保護組織なし

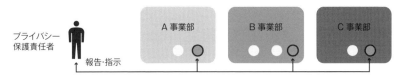

■プライバシー保護組織（兼務）を設置し、事業部と連携

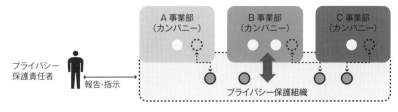

■プライバシー保護組織（専任）を設置し、事業部と連携

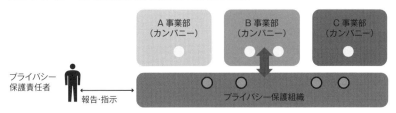

（出所：総務省／経済産業省「DX時代における企業の
プライバシーガバナンスガイドブック ver1.0」）

シー保護責任者、組織、その役割などを順次組み上げていけばよいだろう。

2-4
実務担当者によるルール策定

　前項の体制整備に合わせて、ルールを策定し、全社的に周知し、機能するように扱うことが必要になる。まず重要になるのは、プライバシーに関連する情報の取り扱いの情報を入手できるようにすることだ。

　どのような情報を入手すべきかについては、本書のSTEP2を参照してほしい。STEP2では個人情報だけではなく個人関連情報の抽出についても言及している。

　法令を順守する場合は、個人情報にならない個人関連情報に対しては対策を検討する必要性はなくなるものの、プライバシー保護の観点では異なる。前述した通り、個人情報を扱わなくても差別や不利益、不安を与える可能性は少なからずある。

　また、利用については個人情報を扱う状況や前後関係、背景といった「コンテキスト」の重視を指摘している。これも個人情報保護に限らず、むしろプライバシー保護の観点で重要になることだ。

　結果的に、STEP2で洗い出し、その後のSTEPで個人情報として扱う必要がなくなったものをそのまま放置するのではなく、プライバシー保護の観点で問題が無いかを検討することが早道となるであろう。

　ルールの策定としては、個人情報や個人関連情報を取り扱う部署に対しては新たなものはないだろう。実務担当者において、コンプライアンス違反はないとしていたものについて、プライバシー侵害の懸念が無いかを検討するルールを追加したり、またその判断方法について、前項で述べたよ

うな必要に応じて顧客対応部門や外部有識者に相談するためのルールを策定するといったことを追加したりすることになる。

　最後に、検討結果を事業部門や経営者らに報告するルールは極めて重要になる。このルールは、ぜひ付け加えていただきたい。特に懸念がある場合には、検討結果を報告しなければならない。最終的にリスクを取るか否かは事業部や経営者の判断であるが、情報を共有する責任は実務担当者にある。そのため報告のルールは必須であると考えてほしい。

2-5
実務担当者によるコミュニケーション

　プライバシー保護の取り組みを行っていること、そのルールを策定したことは、しっかりと企業内でも周知すべきである。情報が上がってこなかったり、検討結果が反映されなかったりといった問題の多くは、企業内でプライバシー保護の取り組みが知られていないことに原因がある。プライバシー保護に限らず、法令に定められていることであっても、実務担当者以外には知られておらず、問題を起こした事例は枚挙にいとまがない。

　また、繰り返し周知徹底を図ることは、企業内のプライバシー意識を高める結果にもつながる。個人情報保護委員会や各省庁からも社内教育が強く奨励されており、プライバシーマークを取得する際には研修が義務付けられている。このような機会に、プライバシーガバナンスに関わる情報や策定したルールを周知していくことも重要になるだろう。

　周知徹底は企業内部だけに限られない。消費者や取引関係のある事業者とのコミュニケーションも重要だ。企業の信頼感の醸成という点では経営者のコミットメントが最も重要だが、実務担当においてもできることはい

くつかある。

　代表的なものはプライバシーポリシーへの記載であるが、プライバシーに関する懸念が生じた際に消費者団体や有識者、担当官庁などに相談することも対外的なコミュニケーションとして、企業の姿勢を伝える手段になる。

　また、取引企業に対して自社の取り組みを伝えることは、取引企業が問題を起こした際に自社を守ることにもつながる。もちろん、自社の取り組みに合わせてプライバシー保護意識を高めてもらい、協調的にリスクを低減することができればベストだ。特に委託先に対しては、より一段高い安全管理措置としての意味を持たせることもできるだろう。

　多くの企業においてリスクマネジメントは内向きの取り組みになる傾向が強いが、外部とのコミュニケーションの効用にも目を向けてほしい。問題が起こる可能性を低減し、万が一問題が発生した場合にも真摯に取り組んでいたことを理解してもらえることで、信頼や事業継続性への影響を最小限に抑えられるようになる。

　すでに海外では、プライバシーリスクを企業統治（コーポレートガバナンス）においてガイドラインとして参照すべき原則・指針である「コーポレート・ガバナンス・コード」に盛り込む動きが顕在化しており、日本でも検討が始まっている。この潮流の一環として、実務担当者も多方面とコミュニケーションを図っていくことが望ましい。

2-6
プライバシーリスク対応の考え方と方法

　プライバシーガバナンスガイドブックでは、参考としてプライバシーリ

図表2-2　プライバシーリスク対応の考え方と方法

データ収集	監視	継続的なモニタリングにより、個人に対して不安や居心地が悪い感情を与えてないか
	尋問	個人に圧力をかけて情報を詮索してないか、深く探るような質問で個人が強制を感じ、不安になってないか
データ処理	集約	ある個人の情報の断片を集め、それにより、個人が想像しなかった新しい事実が明らかになることにより、個人の期待を裏切ってないか
	同定	あらゆるデータを個人に結び付けることで、個人にとって害のある情報も結び付けられてしまい、個人に不安、不満を与えてないか
	非セキュリティー	パーソナルデータを不適切に保護し、個人に対して不利益を被るようなことが起こってないか
	目的外利用	個人の同意なしに当初の目的とは違うデータ利用を実施し、個人を裏切るような行為になってないか
	排除	個人のデータの開示・訂正の権利を与えない等、重要な意思決定に対して個人のコントロールが効かないようになっていないか
データ拡散	守秘義務関係破壊	特定の関係における信頼関係により取得した個人のデータを、他社に開示するなどで個人へ裏切りの感情を与えてないか
	開示	個人のデータを第三者へ開示されることで、二次利用先で更なるプライバシー問題が生じていないか
	暴露	生活の諸側面の他者への暴露により、深刻な恥辱を経験し、個人の社会参加能力を妨害することになっていないか。
	アクセス可能性の増大	パーソナルデータへの他者のアクセス可能性を増大させ「開示」のリスクを高めていないか。
	脅迫	パーソナルデータの暴露、他者への開示などを条件に、脅迫者と非脅迫者に強大な権力関係を作り出し、支配され、コントロールされる事態になっていないか。
	盗用	他者のアイデンティティやパーソナリティを誰かの目的のために用い、個人が自分自身を社会に対してどのように掲示するのかについてコントロールを失わせ、自由と自己開発へ介入することになっていないか。
	歪曲	個人が他者に知覚され判断される仕方を操作し、虚偽であり、誤解させることで、恥辱やスティグマ、評判上の危害に帰結することはないか。自分自身についての情報をコントロールする能力と、社会にとって自分がどのようにみられるかを限定的にしないすることになっていないか。自己アイデンティティと公共的生活に従事する能力に不可欠な評判や性格を捻じ曲げることになっていないか。社会的関係の恣意的かつ不相応な歪曲が行われる恐れはないか。
個人への直接的な介入	侵入	必要以上の個人へのアプローチ（メールや電話等）により、個人の日常の習慣が妨げられ、居心地が悪く不安な感情を引き起こされてないか
	意思決定への介入	個人の生活において重要な意思決定に対してAIを用いている場合等において、決定方法が不透明で、個人に萎縮効果が働いてないか

（出所：総務省／経済産業省「DX時代における企業のプライバシーガバナンスガイドブック ver1.0」）

スク対応の考え方を記載している。基本的な考え方や対応方法は、本書で説明している内容と変わらない。対象としているものが法令順守としての個人情報かそれを超えたプライバシーかの違いである。

　ただし、本書では法令順守の観点から対応すべき事項をリストアップする方法が中心になっている。

　一方、プライバシーリスクに対する考え方は、リスクベースアプローチと呼ばれる方法となっている。プライバシーリスクは、定型的ではなく時代とともに社会的受容度が変化するものであり、事業の特性によって人の感じ方も変わるからである。

　個人情報保護の場合は、本書のSTEPに合わせてある程度機械的に対処が可能だが、ここで違法性がないからといって放置するのではなく、もう一歩踏み込んで何らかのリスクが内在していないかを考えてほしい。本書のSTEP、特にプライバシーのリスクの「見える化」により、プライバシーのリスクにつながる可能性があるものはほとんど抽出できるはずだ。

　そのうえで、別途解説しているプライバシー・バイ・デザインや「プライバシー影響評価（PIA）」を参考に、能動的に分析する姿勢と体制、ルールの創出を進めてほしい。

　ガイドブックで紹介しているプライバシー問題の例を掲出しておく。この中には個人情報保護法で規制されているものもあるが、全く異なる視点のものも少なくない。プライバシーリスクとなり得る範囲が非常に大きいことを認識していただければと思う。

3.

個人情報保護の実務

　デジタルトランスフォーメーション（DX）、Society 5.0、サイバーフィジカル――、これらはデジタル化された情報の活用を前提にした言葉であり、その中でも特に「個人に関する情報」の利活用が社会発展や事業の促進の要と見なされている。

　個人情報や関連する情報の活用は、一義的には提供された個人情報により個人に最適化された商品やサービスの提供として還元される。そしてこれらの情報を集積、分析することで、個人に還元されるものが精緻化、高付加価値化するだけでなく、集団全体の最適化、周辺の業務や環境の最適化へと社会全体へ還元される。この過程で新たなイノベーション、サービスが生まれ、それに伴ってビジネスの活性化も起こるものと考えられている。

　個々の企業が情報を収集することで商品やサービスを高品質化し、顧客のロイヤルティーを高めることはデジタル化以前から行われていたが、情報のデジタル化はこれを加速しただけではなく、企業間でのデータ流通が簡単かつ迅速に行われるようになり社会変革が急激に起きている。検索やSNS（交流サイト）、電子商取引（EC）のプラットフォームを通じたデータ流通によるマーケティングやデジタル広告の隆盛が典型的である。

　今後はエネルギーや交通といった社会インフラのプラットフォーム化、実店舗での購買やサービス利用の情報のプラットフォーム化、医療やヘルスケア、旅行、エンターテイメント、そして行政に至るまで情報流通のインフラが整備され、データ利活用が当たり前の世界になることは間違いない。さらに特定のプラットフォームに依存しない情報銀行やデータ取引市場といった仕組みも稼働し始めている。

　しかし、個人情報および個人に関連する情報の利用や流通の拡大は、本人の意思が尊重されることが前提となり、これを規律するものが個人情報保護法である。

　個人情報保護法を眺めると、取得する企業における規律と流通する（第

三者提供、共同利用）ための規律からできており、本人の意思の尊重を反映するために透明性や証跡（記録）を確保し、開示や消去の請求ができる仕組みが整えられている。

　次項からSTEPを追って、個人情報の取り扱いについて個人情報を順守するための方法を解説している。漫然と手順を追うのではなく、上記の法令の仕組みや目的を念頭に判断するようにしてほしい。特に「本人の意思の反映」が根幹であり、判断の根拠となる。

　個人情報保護法の順守については、リスト型で判断するような場面が多いが、白黒の判断がつきにくい場面も少なからずある。その場合には「本人の意思の反映」を前提にすることが重要であり、これによって順法だが炎上するといった状況を回避できるようになるだろう。

STEP1

個人情報保護対策の考え方

STEP 1-1
個人情報保護法と
関連ドキュメントを読むときの「お約束」

> ・企業など事業者の個人情報保護対策に必要なものは、法律だけでな
> く各省庁や民間のガイドラインなど非常に多岐にわたる
> ・認定個人情報保護団体の個人情報保護指針にも、一定の強制力が与
> えられている
> ・立法の趣旨によって、民間団体のガイドラインなどの順守も求めら
> れている

　企業など事業者の担当者が個人情報保護に対応すると聞くと、いわゆる「個人情報保護法」の条文を読み込むことだと考えがちではないだろうか。しかし、実際に法律を一読いただければ分かる通り、この法律には具体的なことはほとんど書かれていない。個人情報保護の実務やシステム開発の現場の担当者が知りたいことは、実は法律よりも下位に位置する政令や規則で定めるとされているものがほとんどである。法律は国民の代表である国会が決めるものだが、政令は内閣が閣議決定する。規則は個人情報保護委員会が定めるものだ。

　政令や委員会規則を読んでも判断に悩むものについては、個人情報保護委員会が別途公表するガイドラインやQ&Aに記されている。さらに、他の省庁から一部法律に上乗せする形で省令やガイドラインが制定、公表される場合もある。これらの情報のうち、自社に必要なものを集めるだけでもひと苦労となる。

　また、民間で組織する認定個人情報保護団体が業界ごとに定める指針（以下「個人情報保護指針」）に委ねられるものもある。個人情報保護指針は業界ごとに策定されるため、公表時期もまちまちだ。これらの情報を集め

るだけでも大変な作業になる。

　それだけではない。個人情報保護法の構造も複雑で、企業などの事業者に必要な関連する条文が1カ所にまとまっているわけではない。政令や委員会規則もおおむね条文に合わせた順序となっており、ガイドラインは分冊の形をとっている。そのため、個人情報保護法の体系は、まるでパズルの様相を呈している。

　パズルを解き明かしたところで、具体的に何をどのようにすればよいのかは、実務や現場に則して書かれているわけではない。つまり、自社の実

図表1-1　個人情報保護法に関する体系

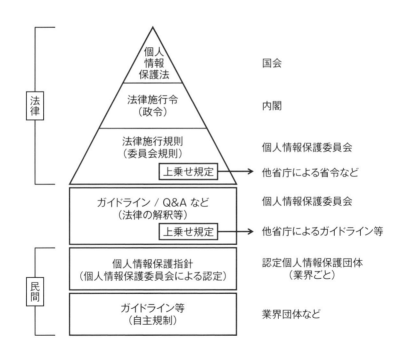

態と照らし合わせて具体的な対応を考えなければならない。

　これらの関連する法律やガイドラインなどを読む前に、頭に入れておかなければならない「お約束」がある。それは、企業は何を、どこまでやらなければならないのか、である。法律は当然のことながら強制力のあるものである。また、個人情報保護委員会や各省庁のガイドラインに「しなければならない」「してはいけない」とあるものは法律に則った義務規定であり、強制力がある。

　その一方で、「努めなければならない」「望ましい」などの記述については、従わなくてもただちに法律違反とされるわけではないものの、改正個人情報保護法の立法趣旨に基づいて判断されるため、一定の規範性があると考えておく必要があるだろう。

　立法趣旨とは、法律を定めた目的のことである。IT（情報技術）の発展や、事業活動の国際化などといった急速な環境変化を背景に、個人情報保護法が制定された当初には想定されなかったような個人データの利用や活用が可能となった。これらを踏まえて、個人情報の「定義の明確化」や「個人情報の適正な活用・流通の確保」「グローバル化への対応」などが目的とされている。

　また、企業などは認定個人情報保護団体を設立して、法律の趣旨に沿った指針を作成するよう努めなければならないとされている。個人情報保護指針は、個人情報保護委員会によって審査、認定されるものであり、指針を順守させるために必要な措置を取ることが義務付けられている。

　法令および個人情報保護委員会は民間の自主的な取り組みを尊重するという姿勢であり、民間の業界団体などによるガイドラインやルールの策定を推奨しており、これに従った「対応を行う必要がある」としている。そのため、民間のガイドラインには法的な裏付けはないものの、これを順守することで違法とされるリスクを大幅に減らす効果が期待できる。

　2022年施行の改正では、国が講ずべき個人情報の保護のための措置とし

て、個人データの円滑な国際的流通の確保のための取り組みをすること、個人データに対する不正アクセスなどへの対応を行うことが新たに基本方針に追加されている。これにより、例えば6カ月未満で消去すれば保有個人データにならないとしていた規定が撤廃されるなど、グローバルの標準や潮流に合わせる方向性が明確になってきている。また、セキュリティーに関しても漏洩い報告の義務付けなど、基本方針に即した改正となっている。

STEP 1-2
個人情報保護対策の基本的な考え方

> ・法律や規則などのドキュメントは必要条件であり、これを満たす十分条件を整えることが個人情報保護対策となる

　ところで、自社の個人データの扱い方について、実態を細部まで把握されている人はどの程度いるだろうか？

　前述の法制度の構造パズルを解き明かしていると、非常に多岐にわたる内容を前にして、「この内容は自社に関係あることだろうか」「無駄な作業をしているのではないだろうか」と思い悩み始めるのではないだろうか。

　また、ときにはパズルの解答通りに対応するのは現実的ではないと思えてくるものも見つかるだろう。特に法務部門は、法律に忠実に対応させることを絶対と考える傾向が強い。一方で、現場は実務に悪影響が出ないようにしたいと考える。そのため事業者内において葛藤や対立が生まれることも想像に難くない。

　しかし、これらの問題の原因は、個人情報保護対策に対する考え方を多くの人が勘違いしているからである。法律や規則は、個人情報を保護する上での必要条件が書かれているだけであり、これを満たすための十分条件

はほとんど書かれていない。

　ガイドラインや Q&A、認定個人情報保護団体の指針で、ある程度十分条件が示唆されていたり、事例が示されていたりする。ただ、これも最大公約数的で基本的な事例を想定したものであり、実際の現場に十分則したものとは言い難い。

　個人情報保護法に則った対応とは、法律が規定した必要条件を満たしつつ、十分条件の対策を施すということである。そして、この十分条件は、様々に公表されているドキュメントなどを基に、各事業者が自らの実務に合わせて個別に能動的に決めていくものである。そこには、その対応で十分なのかどうかという懸念が必ず付きまとう。

　本書は、法解釈ではなく、できるだけ現実の実務を念頭に置いた十分条件としての対策について解説することに注力している。しかしながら、最終的には各事業者が自らの責任において対策を決定する必要がある。その決定に必要な視点は、対策としての十分性のリスクをどう捉えるかである。そこには、「違法ではないけれども、消費者の信頼を得られない」というリスクがある。つまり対策の結果、ネットで批判が集まる、いわゆる“炎上”が起こるといったレピュテーション・リスクも視野に入れなければならないということになる。

STEP 1-3
個人情報保護対策とレピュテーション・リスク

> ・個人情報保護対策とは法律順守だけではなく、社会変化に則した消費者との関係性への対応が問われるものである

　STEP1-2 までに見てきたように、個人情報保護対策とは、法律を順守

していればよいというだけでない。より広い視点で、各事業者がそれぞれのリスクへの対策として考える必要がある。

　個人情報保護法では、消費者や事業者などの関係者の意見を聞くことが盛り込まれている。これは「マルチステークホルダー・プロセス」と呼ばれている。個人情報保護の捉え方や感じ方が、時代や社会の状況に応じて常に変化することを前提としたものである。

　従って、企業が要求される十分条件も常に同じものであるとは限らないと考える必要がある。その揺らぎが、ときに炎上といったレピュテーション・リスクを招く原因となりがちなのである。

　レピュテーション・リスクは、消費者がどう感じるかによる部分が大きい。説明不足やちょっとした語句の違い、対応の巧拙などでも炎上を招くことがある。

　そのため、こうした問題は個人情報保護法に起因するというよりも、事業者の消費者に対する姿勢に起因するところが大きいといえる。つまり、法律を順守しているかどうかよりも、事業者のコンプライアンスに対する姿勢、プライバシー保護のためのガバナンスや、その信頼性が疑われたときにレピュテーション・リスクが顕在化すると考えておくべきである。

　本書では、消費者に誠実に向き合っていることを前提として、コンプライアンスに関するものを中心に解説しているが、プライバシーガバナンス体制の構築、消費者の信頼確保のための取り組みがあってはじめて、コンプライアンスへの取り組みが生きてくることに留意してほしい。

STEP 1-4
対策の立て方

・グローバルで標準化された「プライバシー影響評価」を参考とする
のが効果的

　個人情報保護対策をリスク対策として考えると、手順と対策の立て方が
明らかになる。一般的にリスク対策とは、リスクを可視化して、影響の大
きさを評価し、それに応じた対策を事前に準備することである。

　その際に重要なことは、個々の細かなリスクに捉われるのではなく、ま
ずは全体を通じてどのようなリスクがあるかを俯瞰して把握し、組織的な
課題として、計画的かつ論理的に考えることである。

　では、個人情報保護対策を怠った場合のリスクとは何であろうか。それ

図表1-2　リスク対策としての個人情報保護対策

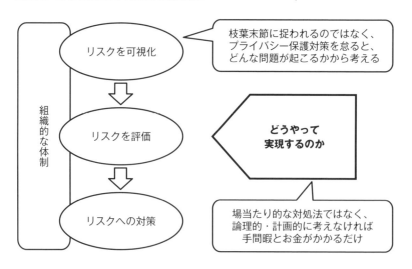

は経営や事業の継続に大きな影響を与えるということである。業績を悪化させたり、対応に「人、もの、金、時間」というリソースを大量に消費したり、ブランドを毀損したりするなど、甚大な損失を被る可能性がある。その原因となるのが、法令違反による処罰や、訴訟や炎上、風評被害への対応、あるいは個人情報保護だけではないセキュリティー上の問題などである。

　また、リスクは自社についてのリスクだけではなく、消費者や社会に対するリスクも含まれる。これらのリスクは、結局、自社の社会的な責任や信頼に大きな影響を与えるものである。内向きの消極的なリスク対応だけではなく、視野を広げて外部に対する積極的なリスク対応も必要とされているということである。

　このようなリスク対応を検討し、個人情報保護対策を計画的、論理的にする方法として PIA（Privacy Impact Assessment：プライバシー影響評価）がある。2017 年には国際標準規格として「ISO/IEC 29134— Guidelines

図表1-3　個人情報保護対策のリスク

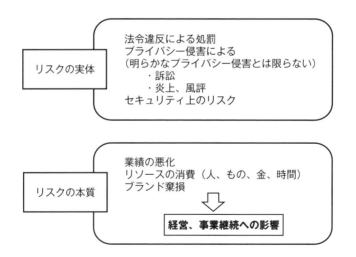

for privacy impact assessment」が策定され、2021 年 1 月には「JIS X 9251:2021　情報技術—セキュリティ技術—プライバシー影響評価のためのガイドライン」として日本産業規格（JIS）になっている。

　PIA とは、プライバシー情報の収集を伴う情報システムの企画、構築、改修にあたって、情報提供者のプライバシーへの影響を「事前」に評価し、情報システムの構築・運用を適正に行うことを促す一連のプロセスのことである。すでに我が国のマイナンバーを取り扱う場合には、PIA をベースとした特定個人情報保護評価を実施することが求められており、規則・指

図表1-4　PIAの意義

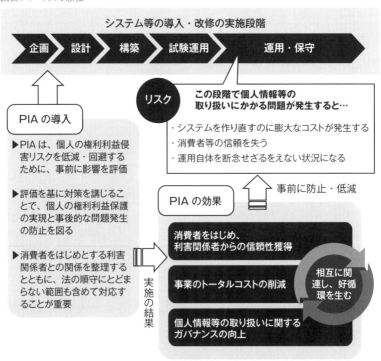

出所：個人情報保護委員会「PIA の取組の促進について」

針・解説が公表されている。また、改正された個人情報保護委員会のガイドラインでも PIA は推奨されており、「PIA の取組の促進について―PIA の意義と実施手順に沿った留意点―」が発表されている。

　PIA は、基本的に新規あるいは更新する事業やサービス、社内制度やシステム開発などにおいて、これから個人情報を取り扱う、あるいは新たに追加する場合などにフォーカスしている。そのため、すでに個人情報を扱っている本書の対象となる大半のケースとは手順などで異なるところがある。国際標準化機構（ISO）や日本産業規格（JIS）は、日本の個人情報に合わせて具体的に対処すべきことを書いているわけではなく、方法論や手順が中心でありリスクの特定や対応方法は事業者自らが考えて決定する必要がある。しかしながら、ここで規格化された手順や方法論は、新規や既存に関わらず幅広く活用できるものである。

　本書では、この PIA の考え方を取り入れつつ、一般企業が対策できるように実務に則したものとなるよう構成している。

STEP 1-5
PIA の概要

　ISO や JIS によって規格化されている PIA は、扱う情報やそのフロー、プロセス、携わる組織や人、関係者間での契約や規則など、すでに存在またはこれから想定されることをすべて可視化し、それぞれのリスクポイントを洗い出し、リスクの大きさを分析・判断し、対策を決定するというものである。また、そのための計画、人員と組織、役員による承認手続き、さらには報告書や監査についても規定されており、どの事業者でも簡単にできるとは言い難い。

　最近、PIA を実施しているとアナウンスしている企業も増えている。た

だし、ISOやJISに則ったPIAを実施していると見られるところは多くなく、「自称PIA」が散見される。この規格に準じていれば、報告書の概要を公表すべきで、できないのであれば信頼性に疑問を持たれることになることから「PIAを実施」とは言わない方がよいだろう。

　欧州の法律では、PIAはDPIA（Data Protection Impact Assessment）と定義され、一定の条件に該当する場合には義務付けられていると同時に、詳細な規定が決められており、これを順守していなければ違法とされる。このことからも、安易に「PIAを実施」というのは控えるべきだろう。

　ただし、このPIAの手法で個人情報保護、プライバシー保護を促進することは個人情報保護委員会を始め各省庁でも推奨されており、自己流ではなくPIAを参考にして、各事業者の態様に即した現実的な対策を進めることが最善の方法である。

STEP 1-6
情報の流れから見た基本構造

　実際の情報の流れに注目して基本的な構造を表したものがこの図であるが、実際にはこのように一直線なものではない。他の事業者との連携や、多様な情報の取得ルートがあるために、複線的な処理とそれに伴う複数のシステムの接続があるなど、複雑化が進んでいる。ただ、個々の処理はこの図のどこかに繋がるはずである。

　接続した接点から先の流れも、この基本的な流れを踏襲することになる。従って、この流れに沿って個々の対策を施すことで、おおむね可視化され対応が可能となるであろう。

　このように複雑化したものの場合は、可視化においてしっかりと詳細を把握することが重要である。最終的な対策を個々のポイントだけで考える

図表1-5　個人情報保護対策の概要

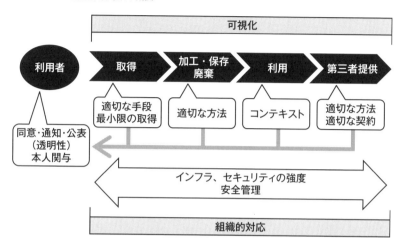

のではなく、全体を通じて最適化する必要があるということに留意してほしい。

コラム①

個人情報保護法の今後の改正動向

　本書は 2020 年改正、2022 年 4 月施行予定の個人情報保護法について、主に企業の実務担当者を対象としたものである。個人情報保護法は 2021 年 5 月にも追加改正されており、こちらは「デジタル社会の形成を図るための関係法律の整備に関する法律」の第 50 条と第 51 条としてまとめての改正となっている。

　2021 年 5 月の改正は個人情報保護法や行政機関個人情報保護法、独立行政法人等個人情報保護法の 3 本の法律を 1 本の法律に統合するとともに、地方公共団体の個人情報保護制度についても統合後の法律において全国的な共通ルールを規定し、全体の所管を個人情報保護委員会に一元化するものである。また、例外規定の多い医療分野・学術分野の規制も精緻化し統一している。

　このうち、国の行政機関と独立行政法人、医療分野・学術研究分野については 2022 年に本書にある民間分野と同時に施行される予定である。本書執筆時点でガイドライン等は確定していないが、一部、国の機関ならではの厳格化された安全管理措置などを除いて基本的に民間分野と同一にしようとするものである。

　地方公共団体や地方の独立行政法人については、2023 年春の施行を予定しており、こちらのガイドラインなどは 2022 年の春ごろまでには確定するはずである。こちらについては地方公共団体の独立性を勘案して、民間の個人情報保護法をベースとしつつ、一部独自の規律を許容することが認められている。

　いずれにおいても、民間分野の定義と異なったり規律を下回ったりすることはないため、公共機関とのビジネスが相当やりやすくなるはずだ。ただし、上乗せ的な部分も少ないながらあるので、個人情報保護委員会

から公表されるガイドラインを参照すると同時に、各公共機関で独自の
ものがないかは確認する必要がある。

　もう一点注意すべきは、上記の施行に合わせて個人情報保護法の条番
号が変更され、施行令、委員会規則、ガイドラインもこれに合わせて書
き換えられることだ。すでに 2022 年に統一される予定のものについて
はホームページに上がっているが、2023 年施行でも条ずれすると思わ
れるので、法令などを参照する場合には最新のものであるかどうかを確
認してほしい。

　2023 年春には、日本の個人情報保護の制度が基本的に一本化される
が、これで終わりではない。大きく二つの方向性で変化がある。ひとつは、
個人情報保護法で定義した「個人情報」以外によるプライバシー保護制
度であり、もうひとつは先行する欧米の法制度との調和をとるための追
加である。

　前者は総務省における電気通信事業法関連での「通信の秘密」や「通
信関連プライバシー」による利用者保護の視点、経済産業省による「プ
ライバシーガバナンス」の視点、デジタル市場競争本部や公正取引委員
会によるプラットフォーム事業者への情報集中や広告における情報の取
り扱いについての視点、消費者庁による消費者保護の視点、その他金融
やヘルスケアの業法における追加の検討など、多様な論点から多岐にわ
たる検討が同時並行で進んでいる。個人情報保護法も対象範囲が拡大さ
れる可能性があるが、現時点ではその動きはない。

　後者については、欧米では企業などがサービスを通じて収集・蓄積し
た個人に関するデータを本人の意思でいつでも引き出して他のサービス
へ移転できる「データポータビリティー」や、いわゆる「忘れられる権利」、

プライバシー影響評価、認証の仕組みなどが制度化されており、次回の個人情報保護法改正では海外の制度との調和やイコールフッティングの観点から検討されることが予想される。

　以上のように、個人情報の保護のみならず、プライバシー保護や消費者保護へと拡大しつつ、様々な新規の規制や制度が矢継ぎ早に加わっていくことになると考えられる。

STEP2

保護対象の抽出

STEP 2-1
個人情報保護法の対象者

・個人情報データベース等を事業の用に供している
　＝個人情報取扱事業者
・個人関連情報データベース等を事業の用に供している
　＝個人関連情報取扱事業者
・仮名加工情報データベース等を事業の用に供している
　＝仮名加工情報取扱事業者
・匿名加工情報データベース等を事業の用に供している
　＝匿名加工情報取扱事業者
・特定の個人を識別できない情報であっても、データベースとして保
　有している場合には、一定の規制がある

　個人情報保護対策の第一歩は、まず自社が「個人情報取扱事業者」「個人関連情報取扱事業者」「仮名加工情報取扱事業者」「匿名加工情報取扱事業者」に該当するかどうかを確認することから始まる。

　「個人情報取扱事業者」とは、個人情報が含まれたものをコンピュータや書類のファイリングなどで容易に検索できるようにした「個人情報データベース等」を事業のために使っている事業者のことである。従って、メールのやり取りで各人がバラバラに個人情報を持っている場合や、名刺を氏名別などに整理せずに持っている場合（名簿化、一覧化やファイリングなどをしていない場合）は、「個人情報データベース等」を持っていないことになり、「個人情報取扱事業者」には該当しない。
　また、個人や家族で年賀状や暑中見舞いのために、親族や知人、友人らの連絡先を一覧にしている場合も、事業のために使うわけではないので該当しない。

図表2-1　個人情報保護法の対象者

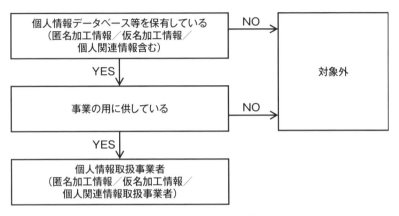

※個人関連情報を第三者に提供していない場合は対象外

　顧客名簿も社員名簿もない事業者というのは、かなりまれだと思われるので、ほぼすべての事業者が対象になると考えて間違いないだろう。

　2015 年改正法の附則第 11 条では、中小企業などの小規模事業者の負担を軽減するよう配慮することが求められており、ガイドラインで対応が定められている。とはいえ、配慮されているのは基本的には中小企業にとって負担が大きくなりがちな安全管理措置に関するものである。それ以外については原則的に企業規模の大小や、保有する個人情報の量による違いはない。

　「個人関連情報取扱事業者」とは、2022 年施行の改正で新たに定義されたもので、個人情報、後述する仮名加工情報や匿名加工情報に該当しない個人に関連する情報を「データベース」にして事業の用に供している事業者である。

　個人関連情報は、個人情報とひも付いていない Web ブラウザーのクッキー（cookie）やスマートフォンの OS が発行する広告 ID（識別子）、これらにひも付く位置情報やインターネットの閲覧履歴、購買履歴などが該当する。詳細すぎたり蓄積しすぎたりして特定の個人を識別できるように

　なった場合は、個人情報になるので注意が必要である。

　個人関連情報については、保有しているだけであったり自社だけで利用していたりする場合には特に規制されるものではないが、第三者に提供する場合には一定の規律が求められるので注意が必要である。

　仮名加工情報も 2022 年施行の改正で新たに定められたものである。特定の個人を識別できないように加工したもので、同一事業者や委託先事業者のみへの提供を前提とすることで、匿名加工情報より取り扱いの規律を緩やかにしたものである。ただし、仮名加工情報は個人情報に該当するものであり、一定の加工をすることで提供された側の取り扱い義務が緩和されるだけであることに留意しなければならない。

　匿名加工情報とは、2015 年法改正で定義されたものである。特定の個人を識別できないように個人情報を加工したものであり、その取り扱いは個人情報よりは緩やかなものとなっている。今回の改正で、元の情報に復元できる対照表なども削除することとなり、いっそう復元が困難なものとなったが、一定の規律が定められているため、改めて自社での取り扱いの有無についてしっかりと調べる必要がある。

　「匿名加工情報取扱事業者」とは、匿名加工情報を含んだものをコンピュータや書類のファイリングなどで容易に検索できるようにした「匿名加工情報データベース等」を事業のために使っている事業者のことである。匿名加工情報は、他の事業者などから匿名加工情報であることを明示されて受け取るか、自ら個人情報から一定の規律の基で作成する以外にない。

　以上の通り、個人情報保護法の対象となるか否かは、「事業で使うため」の「個人情報データベース等」「個人関連情報データベース等」「仮名加工情報データベース等」「匿名加工情報データベース等」を保有しているかどうかを確認することになる。前述した通り、ほとんどの事業者は個人情報取扱事業者に該当するだけでなく、複数のカテゴリーの対象者となる場合も多いだろう。

STEP 2-2
対象となる「個人情報／個人関連情報データベース等」をすべて抽出する

- 取り扱う「個人情報データベース等」のすべてが法律に則った取り扱いでなければならない
- しっかりした計画とそれに基づく組織的な対応が必要
- 関連する契約書やサービス利用規約なども集めておく
- 今回の改正では個人関連情報の第三者提供に規律が設けられたため、「個人関連情報データベース等」についても洗い出しが必要

　まず「個人情報データベース等」を洗い出すところから始めることになる。「仮名加工情報」や「匿名加工情報」は個人情報から作成するものなので、何を置いてもまず「個人情報データベース等」をすべて洗い出す必要がある。

　社員名簿や顧客名簿が「個人情報データベース等」であることは説明するまでもないとは思うが、それ以外に扱ってはいないだろうか。

　サービスやアプリケーションの会員登録やサービスの利用者登録、商品購入者による登録、あるいはキャンペーンやアンケートなどで入手したり、監視カメラの記録など、個人に関わる情報を取得したりする機会は少なくない。

　また、直接個人から取得するだけでなく、他社から提供されたり、購入したりすることもあるだろう。これらが「個人情報データベース等」である場合には、それらすべてに対して個人情報取扱事業者として法律に則った取り扱いをしなければならない。

　この作業をする際に最も気をつけなければならないのが、扱う「個人情報データベース等」が必ずしも社内にあるものとは限らないというこ

とだ。

　従業員が社内外に関わらず、何らか「個人情報データベース等」に関与することがあれば、これらについてもすべてを洗い出す必要がある。

　「個人関連情報データベース等」についても考え方は基本的に同じである。後述する cookie（クッキー）や広告 ID を取得している場合は比較的分かりやすいが、個人を特定はしていなくても識別できる情報を取得してデータベース化している場合には「個人関連情報データベース等」に該当する。特に端末を識別するような仕組みを利用していないかを調べることが重要だ。

　これらの作業は、実はかなり大変なものになる。企業の大小に関わらず、各部署が何をしているのかを完全に把握するのは容易ではない。各部署の担当者も個人情報に詳しいわけではないため、個人情報や個人関連情報とは気付かずに取り扱っていたり、自社では中を見ることはなく他社に扱わせていたり、他社へ素通りさせている場合もある。このような場合には、各部署や担当者に問い合わせても正しい情報が返ってくるとは限らない。そこで、取りこぼしなく情報を収集するために、以下の準備をする必要がある。

1．組織的な対応
　企業規模により一人あるいはチームで、責任を持って調査する必要がある。一方、調査を受ける側も、部署内の情報を把握できる担当者を固定させた方がよいだろう。

　組織的な考え方や対応方法については、STEP12 で詳説するので、そちらを参照してほしい。

2．調査シートの作成

　漠然と調べようとしても、取りこぼしは防げない。事前に調査の方法やポイントを整理して、丁寧にひとつずつクリアにしていく以外に方法はない。

　最初の調査では、何のためにどこからデータベースやリストを入手しているかを部署ごとに集める。「個人情報データベース等」の入手は、おおむね以下のような方法で行われている。抜け漏れがないように、シートへの記入だけで終わらせず、必ず各部署の担当者にヒアリングして、確認し

図表2-2　個人情報取り扱いの類型

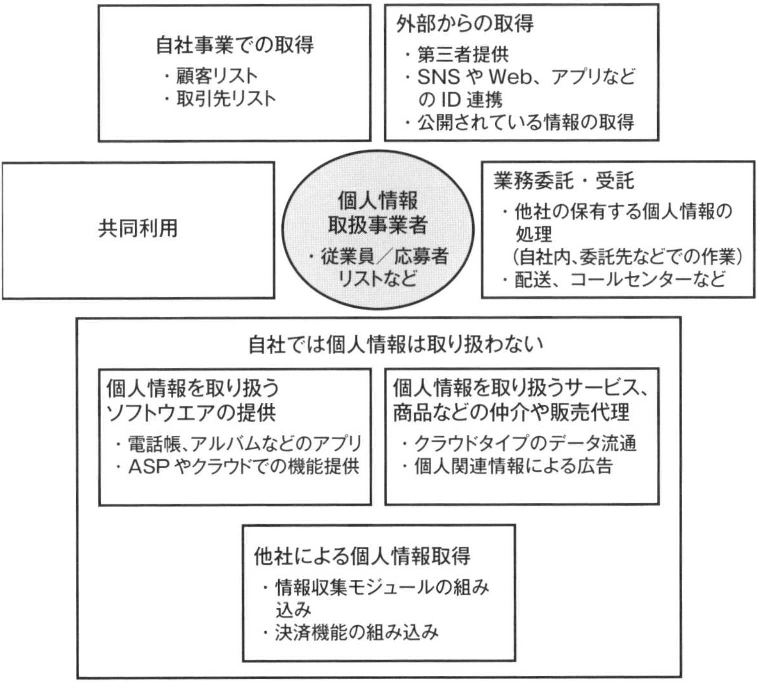

た方がよいであろう。

①自ら顧客や利用者の個人情報を取得している場合

会員や顧客登録、アンケートなどにより自らデータベースやリストを作成するものなので、もっとも把握しやすい。ただし、過去に作成して忘れられているものもあるので、担当者への注意喚起も忘れずにしておきたい。

②外部から「個人情報データベース等」を受け取っている場合

名簿やリストのようなパッケージ的なものの購入だけではない。クレジットカードやポイントカードのように、決済の状況や利用状況を随時入手するなどネット経由で情報をやり取りすることが増えている。SNS（交流サイト）との連携やスマートフォンのアプリケーションのように、利用者のIDを連携させて利用者情報を取得したり、広告やマーケティングのために外部から情報を取得したりすることも一般化している。個人情報とひも付けていない場合でも「個人関連情報データベース等」となるので、しっかり洗い出さなければならない。

誤解が多いのが、SNSやブログなど本人が公開しているものや、官報やメディアで公表されているものである。これらも特定の個人を識別できるものであれば個人情報であり、データベース化やリスト化したものは「個人情報データベース等」に該当するということである。このようにSNS、ブログ、メディアなどに公開されている個人情報を、情報に関わる本人以外に渡す「第三者提供」については、原則として同意は不要である。ただし、取得した者はこれらの公開情報を不正に利用することや、本人を差別したり不利益を与えたりするような利用は禁止されている。公開されている目的を勘案することが重要だ。また情報の取得に関しては本人に利用目的を通知または公表する必要があり、さらに公開や第三者提供する場合には本人の同意が必要になる。そのため、公開情報であっても抽出してリスト化しておく必要がある。

③他の企業の「個人情報／個人関連情報データベース等」で何らかの作業をしている場合

　情報の整理や分析などの業務を他社から受託している場合が該当する。自社内で作業する場合には、個人情報取扱事業者、個人関連情報取扱事業者となる。一方、相手方の企業内で作業する場合には、作業者の立場が何であるかによって、個人情報の取り扱いに関する管理の責任主体が変わってくる。自社内に「個人情報データベース等」がないからといって、調査対象外にしてはいけない。所在で判断するのではなく、まずは何らかの形で自社の従業員らが関与しているものは、すべてリストアップすることが重要である。

④グループ企業などで「個人情報／個人関連情報データベース等」を共同利用している場合

　自社で個人情報を取得するわけではなく、グループ企業などが集めた「個人情報データベース等」にアクセスする場合が該当する。共通ポイントなどでの共同利用だけでなく、最近では顧客情報を一元管理し共有することも珍しくはないので注意が必要だ。たとえ自社で集めたものでなくても、共同利用する場合には、その利用形態によって様々な規律がかかってくるので、洗い出しが必要になる。

⑤自社では直接情報を操作したり見たりすることは無いが、「個人情報／個人関連情報データベース等」を構成するプログラム（ソフトウエア）を提供している場合

　クラウドやアプリケーション・サービス・プロバイダー（ASP）の事業者だけでなく、フェイスブックなどのSNSの友達リストを取得するようなアプリや認証データとして使えるカメラ画像をアルバム化するようなアプリ、電話帳アプリなども含まれる。このような場合、自社が「個人情報／個人関連情報取扱事業者」ではないことを明確にするための対策が必要

になる。

⑥**自社では直接情報を操作したり見たりすることはないが、他者の個人情報を取得するプログラム（ソフトウエア）を組み込んだり利用している場合**

　スマートフォンのアプリケーションでは、広告表示のために情報収集モジュールといわれるものを組み込んでいる場合が多い。また Web ページの広告表示でも、第三者クッキー（cookie）と呼ばれる広告事業者が発行する仕組みを組み込んでいる場合がある。あるいは SNS などの ID 連携のモジュールを組み込むことも珍しくはなくなっている。

　cookie とは、Web サイトを訪れたブラウザーのアクセス履歴を基に広告を表示したり、利用者が前回入力した文字列を記憶して表示したりする仕組みだ。第三者 cookie は、利用者が訪問している Web サイトのドメイン以外から発行されるものだ。広告の情報収集や ID 連携のモジュールによっては、端末内の利用者情報や電話帳、位置情報などを取得している場合があるので、どのようなモジュールが組み込まれているか洗い出しておく必要がある。

⑦**自社では直接情報を操作したり見たりすることはないが、「個人情報／個人関連情報データベース等」を仲介したり販売したりする場合**

　性別や年齢、購買履歴などの会員データや Web サイトのアクセス履歴などを一元管理してマーケティングに活用する「DMP（データ・マネジメント・プラットフォーム）」や、広告媒体となる Web サイトやアプリを集めて形成される広告配信ネットワークである「アドネットワーク」の販売代理、アンケート事業者を仲介する、などの場合である。

　自社を経由して「個人情報／個人関連情報データベース等」を販売するような契約になっていると、個人情報／個人関連情報取扱事業者に該当してしまう。このように自社では実態として個人情報や個人関連情報を扱っ

ていない場合であっても、契約などにより個人情報／個人関連情報を扱う責任主体となっている場合がある。

⑧その他

　上記以外に、例えば商品配送や問い合わせ対応などで「個人情報データベース等」を一時的に預かるような場合が考えられる。業務委託による場合が多いと思われるが、この場合も個人情報を取り扱うことには変わりないので、個人情報取扱事業者となる。

　この時点では、データベースなどの詳細まで調査する必要はない。というのも、業務委託やソフトウエアの提供など、状況に応じて個人情報／個人関連情報の取り扱い方が異なってくるため、分類してからまとめて対応を考える方が効率は良く、また対応ミスを防ぐのも簡単だからだ。

　さらに、これらの情報を扱う際の利用者や顧客、取引事業者との間の契約書やサービス利用規約などの有無を確認して集めておきたい。「個人情報／個人関連情報データベース等」の扱いは、契約内容によっても変わってくる場合がある。契約内容と実態が異なっている場合もあるためだ。

　これらの最終的な確認は実態を把握してから行うことになるが、第1段階である「何のためにどこから」を知るためには、契約を見るのが早い場合もあるので、最初に手に入れるようにした方が手間は省ける。

STEP 2-3
処理の途中で「個人情報データベース等」となるものを抽出

　他の情報と照合している場合、情報を蓄積している場合、珍しい商品購入や条件を記録している場合、時間と位置のような組み合わせの場合のよ

うに、特定の個人を識別できるようになる恐れがあるものをリストアップする。

　現在では、急速に向上するコンピュータの処理能力を活用して、膨大なデータが分析できるようになった。扱うデータも大量で多岐にわたるものとなってきている。そのため、最初は個人情報として取得していなかったものでも、処理の途中で「個人情報データベース等」になってしまう場合が生じている。

　一般的には、他の情報との照合や、情報を蓄積した結果、「個人情報データベース等」のような状態となってしまう場合が考えられる。ところが、担当者自身は「個人情報データベース等」になっていることに気付いていないことも多い。

　担当者が気付いていないものを、どうすれば抽出できるのか。ポイントは、個人情報だけに着目するのではなく、個人に関する情報（個人関連情報）全体の取得状況を把握することにある。部署単位で考えるのではなく、社内にある情報全体の関係性についても注意深く検討することが求められる。個人関連情報はたやすく個人情報になるものだという認識を社内に浸透させることが必要だ。

1．他の情報との照合

　自社内のもの、自社外のものを問わず、何らかの情報と照合している場合は、それにより特定の個人を識別できるようになっていないかを確認する必要がある。

　「他の情報と容易に照合することができ、それにより特定の個人を識別することができることとなるものを含む」という個人情報の定義に留意しなければならない。たとえ照合をしていなくても、容易に照合できる状態にあるだけで「個人情報データベース等」になってしまうからである。

　例えば、GPS（全地球測位システム）などによって詳細な位置情報を取

得している場合は、市販の住宅地図情報と照合することで特定の個人を識別できる場合がある。住宅地図を購入していなくても、住宅地図情報の入手は容易なので、この場合には「容易に照合できる状態」と考えられる。

　また、他の部署に照合することで特定の個人を識別できる「個人情報データベース等」が存在する場合も同様だ。

　広告やマーケティングの部署では、購買履歴や大雑把な属性情報だけでよいということで、特定の個人を識別できる情報（氏名や住所など）は削除してデータベース化していることが多い。しかし、この両方のデータベースに共通するIDなどが振られていれば、容易に元の情報と照合して特定の個人を識別できることになり、「個人情報データベース等」に該当する。また、共通IDがなくとも、購買履歴などの日時や金額が両方のデータベースに含まれている場合には、ユニークなデータのセットとして、容易に元の情報と照合して特定の個人を識別できる状態にあることになる。

　たとえ、他の部署にそのようなものがあることを知らなかったとしても、容易に照合できる状態にある場合は該当すると考える必要がある。そのため、調査の際には、個々の部署だけでなく社内全体について俯瞰して把握することが求められる。

２．情報の蓄積

　購買履歴や移動履歴、Webやアプリの行動履歴、その他様々な情報が蓄積されると、特定の個人を識別できるようになってしまう場合がある。生活行動のパターン化ができるような場合（例えば、同じ曜日の同じような時刻に同じ商品を大量に購入していることが分かるようになる場合）などに、その可能性が高まる。

　「個人情報データベース等」になっているかどうかの判断は後ほどすることとして、まずは、「個人情報データベース等」に該当する恐れがある「個人関連情報データベース等」として、リストアップしておきたい。

3．特異な記述などの取得

　土地の購入や、極めて珍しいもの、あるいは高価な商品（例えば世界に数十台しかないような自動車）の購入では、特定の個人を識別できる可能性が高まる。特定の地域での特に高年齢、過疎地における低年齢者も、個人が特定されやすい。このような情報は「特異な記述」と呼ばれている。また詳細な位置情報と時間がセットになっている場合も、一般的に考えて夜中にいる場所は自宅である可能性が高いということになる。

　このように、個人情報が含まれていないと思っていても、実は個人情報であるとみなされる場合や、いつのまにか個人情報となってしまう場合が少なからず存在する。従って、一見個人情報は扱っていないように見えても、何らかの個人に関するデータを取得しているものについては、とりあえずリストアップし、その後で、特定の個人を識別し得るか否かを個別に検証するする必要がある。

STEP 2-4
「個人情報データベース等」として保有していないが個人情報を取り扱っているものを抽出

> ・個人情報取扱事業者である限り、たとえ「個人情報データベース等」として保存していなくとも、個人情報を取得する場合には一定の義務がかかる

　この段階でよくある誤解は、個人情報を取得してはいるものの、データベース化していないので、この情報については個人情報保護法における義務がないというものである。個人情報取扱事業者である限り、たとえ取得した個人情報をデータベース化しない、保存せずすぐに廃棄する、個人を

特定できない形に加工したものしか保存しないといった場合であっても、個人情報取扱事業者としての一定の義務が発生する。

　例えば、施設や店舗などの監視カメラは、一定期間、映像を保存する場合が多い。この段階では特に個人を特定することも識別することもなく、従って保存映像はデータベースと言えるものではない。しかし、特定の個人を識別できる情報＝個人情報を取得していることには変わりがない。

　また、本人確認のために自動車運転免許証やパスポート、健康保険証や住民票、顔写真付きの社員証などの提示を求めることもよくある。これらは本人を特定できる書類であり、目視するだけであれば個人情報の取得には当たらないが、コピーを取った場合には、個人情報の取得に当たる。

　より注意が必要なのは、記載されている記号や番号だけで個人情報となる個人識別符号があることだ。コピーは取らなくても、記号や番号を書きとめるだけで個人情報を取得することになるので注意して欲しい。

　特にマイナンバーについては、個人情報保護法とは異なる「特定個人情報保護法」で取り扱いが厳しく定められているので十分注意してほしい。

STEP 2-5
要配慮個人情報を抽出

　個人情報よりも厳しい取り扱いを求められるものとして、要配慮個人情報がある。要配慮個人情報は、取得の際に同意が必要であり、また、STEP6で詳述する第三者提供する場合にも、一般的な個人情報と異なり、オプトアウト（データの利用停止）手続きを利用する方法は認められない。このように取り扱いに違いがあるため、要配慮個人情報が個人情報データベース等に含まれていないかを必ず確認する必要がある。

STEP 2-6
対象となる「匿名加工情報／仮名加工情報データベース等」をすべて抽出する

　「匿名加工情報データベース等」は、基本的に自社の個人情報から作成するか、他の事業者などから提供される以外は存在しない。利用については、提供を受けたものを利用する場合や、作成した事業者が自ら利用する場合、業務委託の中で利用する場合がある。いずれにおいても、各事業者に対し匿名加工情報であることが明示されていなければならない。つまり、匿名加工情報を取り扱う事業者は、すべてそれが匿名加工情報であることを認識していなければならないことになる。

　2022年施行の規制では新たに「仮名加工情報」が定義された。仮名加工情報も個人情報から作成されるものであるが、第三者提供が禁じられているため、共同利用や委託の場合を除いて他社から提供されることはない。仮名加工情報が定義され一定の規制が明確にされたことから、この取り扱いについても意識しなければならなくなった。ただし、仮名加工情報は同一事業者内での情報の取り扱いをしやすくするためのものであるため、作成の方法や取り扱いが適正であれば一部の義務が緩和されるものである。従って、これまで通り「個人情報データベース等」と同じ取り扱いであれば問題はないことになる。

　調査方法は、STEP2-2と基本的に同じであるが、前述の通り、匿名加工情報については、提供者との間で何らかの契約があるかについても、合わせて抽出しておく必要がある。

STEP 2-7
対象となる「個人関連情報データベース等」をすべて抽出する

　2022年施行の改正で、個人関連情報を第三者提供する際、提供先で個人情報となる場合には、提供先で本人から個人情報の取得について同意が得られているかを確認する義務が課せられた。クッキー（cookie）やこれとひも付く閲覧履歴、位置情報などで特定の個人とはひも付かない情報だけを取得していた場合、これまでは個人情報保護法の対象外としてあまり気を付けていなかった事業者も多かったと思うが、これらも見直した方がよい。

　自社内で利用するだけで、第三者に提供しない場合には個人情報保護法上は特に義務は発生しないが、今後のこともあるので、存在していることは把握しておきたい。また、EU等多くの外国では個人関連情報のほとんどは個人情報としての扱いになる。国外との情報のやり取りがある場合には対応しなければならないので注意して欲しい。

　個人情報保護法とは別に、例えば広告では自主規制があり、総務省の電気通信事業関連の法令やガイドライン等でも端末や通信上のデータは「通信関連プライバシー」として保護に向けた制度化が進められている。そのため、利用方法やプライバシー・ポリシーでの表現なども把握しておく必要がある。

　いずれにしろ、個人情報の保護だけではなく、より対象範囲が広がりつつあるプライバシー保護の観点から、個人関連情報の取り扱いに関する制度や自主規制などが年々強化されているので、動向を追いついつでも対応できるように個人関連情報についても、しっかり把握しておくことが重要である。

STEP 2-8
個人情報検出ソフトなどのツールによる
個人情報の洗い出し

　ここまでで、理詰めでおおよそ考えられる個人情報保護法で定義する報「データベース等」に該当する可能性のあるものの特定方法を説明してきた。しかし、それでもなお調査から漏れてしまう場合がある。担当者が変わってしまっている場合や過去に利用していたものが残ってしまっている場合など、様々な要因が考えられるが、このようなものをヒアリングで洗い出すのは困難である。

　見落としを防止する有効な方法として、個人情報検出ソフトなどのツールの活用がある。社内のシステムや従業者が使用している端末の記憶装置をクローリングして、個人情報の有無を調査するものである。

　もちろん、ここで見つけられたものがすべて対象情報であるとは限らないが、見落としが見つかることも少なくない。見つかった情報について、ここまでの STEP で洗い出したものに該当しない場合は、取得した由来などをヒアリングし、リストに追加すればよいだろう。

　また、本 STEP の趣旨とは異なるが、複製禁止の情報が見つかったり、廃棄したはずの情報が見つかったりするなど、安全管理措置を徹底する上でも有用なものである。日常的に個人情報を扱う事業者や個人情報を扱う従業者が多い事業者などでは、リスク対策の選択肢ともなるだろう。

STEP3

ライフサイクル全体像の見える化

STEP 3-1
「見える化」のための準備

> ・個人データの処理フローと、その取扱者、および管理者、その他すべての関与者をリストアップ
> ・利用者との関係、関係事業者との関係を表したドキュメント類をリストアップ

　個人データには、何らかの方法で取得、保存、加工、利用され、最終的には廃棄されるという一連の流れがある。これを「ライフサイクル」という。ライフサイクルのそれぞれの場面で、様々な義務や努力が求められる。た

図表3-1　ライフサイクル全体像の見える化

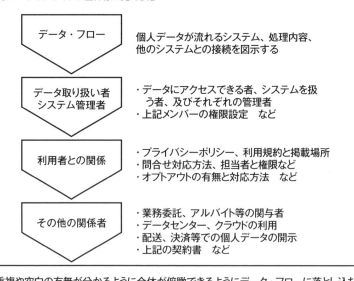

だ、実際にはこのように一直線ではない。途中で他の個人データと突合したり、他社との共同利用、第三者への提供、業務委託や仮名加工、匿名加工があったりするなど、複雑になることも少なくない。

このライフサイクルの中で一カ所でも落ち度があれば法令違反となってしまったり、セキュリティーのリスクを抱えてしまったりすることになる。従って、個人データがどのように扱われているのか、そのすべてを洗い出して、適切な対応がなされているかを確認する必要がある。

そのためにはまず、個人データのライフサイクルを「見える化」しなければならない。その際には、データ・フロー（データそのものの流れとデータを取り扱うシステム）、取扱者、利用者との関係、関連する事業者などとの関係の4点を洗い出すことが重要になる。

1．データ・フローの見える化

①個人データがどこ（どのシステムの中）を移動していくのか？

②個人データにどこで、いつ、どのような処理をするのか？

　※データ・フローがあいまいだと、その後の作業に支障を来たすので、まずはデータの流れを正確に書き出すことに注力する。

　※業務委託や第三者提供、他社のデータとの突合など、自社以外とのデータ流通がある場合には、相手先のシステムやデータ流通媒体などについても可能な限り洗い出す。

2．データ取扱者とシステム管理者の見える化

①個人データの取扱者（直接アクセスし加工、抽出などする者）は誰か？

②個人データの取扱者を管理（マネジメント）しているのは誰か？

③システムの運用やメンテナンスしているのは誰か？

④システムの運用やメンテナンスしている者を管理しているのは誰か？

⑤上記のメンバーに設定されている権限は何か？

※データ・フローの様々な段階で、アクセスできる者が変わる場合や、全データではなく、一部のデータのみにアクセスできる者がいたり、またそれぞれの段階で管理者が変わったりすることもある。抜け漏れが起こりやすいので、システムや処理の各段階で関与する者をリストアップするようにする。

※システムについては、データ・フローに関わるシステムを全体として管理しているとは限らない。ネットワーク、データベース、アプリケーションのように分類して管理している場合が多い。個人情報の安全管理措置は、システム全体が対象となるので、関係する者すべてのリストアップとマネジメントを明らかにする必要がある。

3. 利用者との関係の見える化

①プライバシーポリシー、利用規約などの内容、掲示場所をリストアップする。

②問い合わせ方法と対応方法の内容と掲示場所をリストアップする。

③本人の情報の開示、オプトアウト（利用停止）や削除などの本人の権利に関わる手続きの有無、およびその方法と対応方法をリストアップする。

④②および③への対応者、その管理者、それぞれに設定されている権限をリストアップする。

※これらの対応者は利用者の個人データを知る立場となり、場合によっては　システム内の個人データに直接アクセスすることもある。この場合には、サブルーチン的なデータ・フローが存在することになるので、最初のデータ・フローの見える化にも明記しておく必要がある。

4. 他の関係者との関係の見える化

①自社の社員以外で個人データを取り扱うすべての事業者、関係者につい

て、洗い出し、いつ、どこで、何をするかを明確にする。
②上記についての契約書などを洗い出す。

※個人データの取り扱いに関して業務委託や自社の社員以外が関わって
　いる場合、第三者に提供する場合や第三者から提供を受ける場合、個
　人データをクラウドやデータセンターなどの他社のシステムに置いて
　いる場合や、コールセンター、配送事業者、決済事業者らに個人デー
　タを開示する必要がある場合など。

STEP 3-2
データ・フローに合わせた「見える化」

> ・全体像を俯瞰的に見渡せるように、各要素を並べる
> ・STEP2 で抽出した保護対象、本 STEP での個人データに関与する
> 　者と、その関係を表すドキュメント類などがリストアップできたら、
> 　これをデータ・フローの個々の処理に合わせて記載する。これによっ
> 　て、データ処理のそれぞれの段階で何が行われているか、その際の
> 　取扱者やその権限、責任の所在、さらに個々のデータ処理の間の関
> 　係などがはっきりと見えるようになる

　この段階で空白があったり、それぞれの関係者間での関係を明示するよ
うなものがなかったりする場合は、再度ヒアリングをする必要があるだろう。
　抜け漏れの場合は追記すればよい。ただ、ここで抜け漏れを起こすとい
うことは、関与する者の認識として、あまり重要視されていない箇所であ
る可能性もあるので、要注意事項として注記しておくとよいだろう。

　また、各処理で関与者や責任者が重複する場合も出てくることがある。再調査をしたうえでも空白や重複、その他明確にならなかった事項があった場合は、対策を施すこととなる。

　この時点で、すべて辻つまが合うようにする必要はない。まずは全体像が俯瞰できることが重要である。

STEP4
取得における適正性の判断

STEP 4-1
適正な取得とは

> ・適正な取得とは、取得の方法だけではなく、透明性の確保＝利用目
> 　的をはじめとして、個人情報の取り扱いに関する説明や同意取得が
> 　適正に行われているかも含む

　個人情報のライフサイクルの中で最も重要なチェックポイントは、個人情報の取得の段階である。STEP2においてライフサイクルの全体像を「見える化」したが、そもそも取得が法令に則っていなければ、その後のすべてが違法になってしまうからだ。

　では、法令に則った方法とはどういうものか。欺瞞（ぎまん）的な方法や不正な方法で行わないといった取得の仕方だけが問題なのではではない。取得した個人情報の利用目的や、本人以外の第三者に提供するかどうか、安全管理措置はどのようにしているかなど、個人情報の全ライフサイクルに渡って必要なことが説明できているか、あるいは同意が得られているか、などまでが含まれる。

　ここでは、「適正な取得」といわれる取得の仕方や、「透明性の確保」といわれる公表や通知などの説明のほか、見える化の詳細化について注意点を説明する。それによって、個人データを本人以外の第三者に提供する場合に、本人から得る同意などが適正であるか否かを判断できるようになる。また、自社が保有している個人データについて、顧客やサービスの利用者からデータの開示や訂正、利用停止などを求められるようにする「利用者関与の確保」の仕組みを構築できるようになる。

　個人情報を取得する方法は、自社で取得する場合と、他者から受ける場合の2つのパターンが考えられる。これ以外に、後述する情報の突合や大

量の情報の蓄積によって、新たに個人情報が取得されたと見なされる場合や個人情報が拡張（新たなデータが追加）されたと見なされる場合がある。いずれも個人情報の取得に該当するものであり、基本的に本項に準ずる必要がある。

STEP 4-2
取得する個人情報の一覧化

> ・取得している個人情報の項目をすべて明らか（一覧化）にする
> ・各項目の取得レベルが分かるようにする。
> ・個人情報でない場合でも、大量に蓄積したり他の情報と突合したりするものは、特定の個人が識別できるようになっていないか確認する

　まずは、どんな情報を取得しているのかを把握しなければならない。個人情報とは、氏名や住所、個人識別符号など、直接個人を特定できる情報だけではない。特定の個人を識別できる情報とひも付いているものは、すべて個人情報となる。この際に忘れがちなのは、新たにIDを割り当てるなど、取得したものになんらかの識別子を付加する場合である。

　個人情報はデータベースや一覧表で管理していることが多い。この中に一つでも個人情報がある場合、あるいは組み合わせると特定の個人を識別できるものがある場合には、データベースや一覧表にある情報すべてが個人データになる。
　複数のデータベースや一覧表に分かれていても、その間で一意に特定できる共通番号やデータがあれば、やはりすべてが個人データとなる。従って、個人情報を把握するための一覧化では、基本的に取得した情報すべて

図表4-1 異なるデータベースでもすべて個人データとなる場合の例

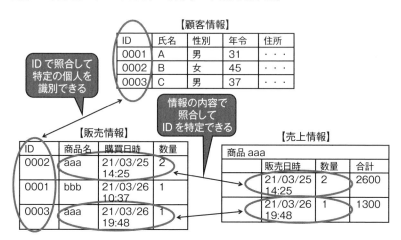

が対象になると考えなければならない。

　次に、住所のように市町村レベルなのか戸別までなのかなど、取得する情報の詳しさのレベルが変わる場合には、正確にどこまで取得しているかを記載しておく。同様のものとしては、郵便番号が7桁なのか最初の3桁なのか、電話番号がすべてなのか市外局番までなのか、生年月日がすべてなのか年や月までなのか、購買履歴なども商品レベルなのかカテゴリーレベルなのか、購買日時の詳細さなどにも気をつける必要がある。

　さらに、非常に重要な注意点がある。自社で取得する場合や第三者から提供を受ける場合に関わらず、本来は個人情報ではなかったものが、情報の集積や突合の結果、特定の個人を識別できるようになってしまう場合である。

　オンライン広告などでは、クッキー（cookie）や広告IDを識別子として様々な情報を取得し、様々な情報と突合することでサービスの利用者を

詳細に分析している。この過程で、どこの誰であるかという特定の個人が識別できてしまう可能性が高まる。特にGPS（全地球測位システム）などの詳細な位置情報を利用した場合には、個人宅が特定される可能性がある。意図的な個人情報の取得はないからといって安心せず、可能性のあるものについては一度見直しておく方がよいだろう。

　これらを正確に把握するためには、実際に使っているデータベースなどのサンプルを確認するのが確実である。実際の項目やレコードにもしっかり目を通しておこう。

　これらの作業が重要なのは、サービスの利用者に対して個人情報の利用目的の通知や公表をするときに、どの情報を利用するかを記載する必要があるからだ。また、第三者へ個人データを提供するときには、提供する個人データの項目について記録しなければならず、さらに匿名加工情報を作成するのであれば、その匿名加工情報に含まれる項目を公表しなければならないからだ。

STEP 4-3
取得方法の把握

- 個人情報とその他の情報を個別に取得して連結している場合に注意
- 第三者から提供を受ける場合は提供元、個人データの内容、提供方法を明確にする
- ビジネスモデルやシステムを把握することで見逃しを防ぐ。どんな方法で個人情報を取得しているかを明確にするものである。自社で取得する場合と第三者から提供を受ける場合に大きく分かれる

1．自社で取得する場合

　会員登録や商品の利用者登録、アンケート記入など、直接記入や選択肢から選ぶなど、利用者に作業してもらうことにより取得する場合と、端末IDやGPSの位置情報、Webの閲覧履歴や購買履歴などのように、利用者が関わることなくプログラムで取得する場合がある。

　また、インターネットを通じて取得する場合には、これらが複合的に行われるのが一般的である。一見、個別に情報を取得しているように見えるが、ユーザーや端末ID、cookieなどで情報を相互に連携して、一意に個人を特定できるようにしていることも珍しくない。この場合は、他方が個人情報でなくても連携できることで個人データに該当するようになる。従って、取得する情報すべてに関して、それぞれがどのような方法で取得しているか、連携している場合も含めて明確にする必要がある。

2．第三者から提供を受ける場合

　名簿や登記情報などのパッケージになったものの購入だけではない。最近では決済や購買情報、ポイント連携などに伴う情報取得、DMP（データ・マネジメント・プラットフォーム）やデータブローカーを通じた情報取得のほか、家庭で使われるエネルギーを管理するシステムである家庭用エネルギー管理システム（HEMS、Home Energy Management System）や、家電製品の利用データを活用するなど、個人情報の流通は多様化している。入手の機会も飛躍的に増大している。

　どこから（提供元）、何を（提供を受ける個人データの内容）、どのような方法（紙媒体、CDやDVDのような電磁的媒体、ネットワークを通じたファイル、ネットワークを通じて随時のアクセスなど）で提供されているかを確認する必要がある。

　本人以外の第三者から個人データを取得する場合は、「個人データの第三者提供」に該当する。そのため自社で取得する場合に加えて、いくつかの義務が課される。こちらについてはSTEP6、7にて詳説する。

３．情報の突合などにより個人情報を取得する場合

　近年、自社で取得した個人情報に第三者から取得した個人関連情報を突合して、自社の個人データの項目やレコードを拡張したり、第三者の個人情報を入手して自社の個人関連情報を個人データにしたりするといった、高度な情報操作が行われてきている。こういった場合は、個人情報の取得は利用者の目には触れず、また事業者内でも一部の人しか個人情報の扱われ方を理解していない場合があり、見落としがちになる。

　特に 2022 年施行の改正では、個人関連情報が提供先で個人データとなる場合についての新たな義務が課されることになったので、見落としは避けなければならない。

　このような場合には、ビジネスモデルやシステムを把握することが有効な手段となる。ビジネスモデルを知ることで、そのビジネスを成立させるために何の情報を使っているかの予測がつく。また、システム上でどのような処理が行われているのかを追えば、どこでどのような情報が生成されているのかも把握できるようになる。

図表4-2　個人情報の拡張

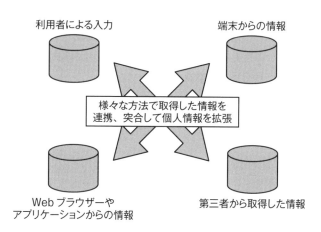

いずれも当事者でなければ、なかなか分からないことである。そのため、ハードルの高い調査となるが、ヒアリングシートなどを用意することで、高度な専門性がなくとも聞き出すことは可能である。

STEP 4-4
取得における適正性の判断と対応

・取得方法は正しいか

・利用者に対して、利用目的、本人の関与、共同利用、第三者提供、仮名加工情報、匿名加工情報などについて適切な説明や同意取得がされているか

・第三者から提供を受ける場合には個人情報の入手の経緯について確認できているか

・個人関連情報を取得して個人データとする場合に同意ができているか

・利用者に説明した通りの運用となっているか

取得した個人情報の内容や方法が明確になれば、次にそれが適正であるかどうかを判断することになる。その判断基準は、第一に取得方法が適正であるか、第二に利用者への説明が正しく行われているか、さらに説明通りに運用されているかどうかにある。

1．取得方法

個人情報保護委員会のガイドラインには、不正な取得の事例が記載されている。それによると、虚偽の情報や事実を誤認させるような情報を伝えて取得する場合、十分な判断能力を持たない者（子供や障害者ら）から取得する場合、「第三者への提供制限に違反するよう強要して取得する」あ

るいは「違法に取得していることを知りながら取得する」といったケースが考えられる。

　第三者から提供を受ける場合には、その第三者による個人情報の入手が適正であるかどうかを確認して、記録しなければならない。そのため、こうした確認がされていない時点で不正な取得となるので注意しなければならない。

　さらに2022年施行の改正では、他社より個人関連情報の提供を受けて自社で個人データとする場合には、本人からその旨について同意を取得しなければならない。

　個人情報に関わる本人が子供であったり、後見人がいたりする場合には、親権者や後見人の同意を取得したうえで取得する必要がある。未成年であっても、何歳までが子供の年齢に該当するのかは判断の分かれるところである。業界ごとに16歳までは子供として扱うとガイドラインで示されていたり、明文化されていなくても共通の認識があったりする場合が多いので、業界団体に問い合わせるとよいだろう。

　不正な取得であることが発覚した場合には、ただちに対象となるデータの利用を停止し、廃棄するのが基本である。本人に説明して、改めて同意を取得するという手段も考えられるものの、軽微なミスによるものでもない限り、このような対応は避けて、最初から取得しなおすべきである。

　取得が適正になされていないということは、不法行為に当たり得る。プライバシーポリシーを書き換えて通知するだけといった安易な対応は厳に慎むべきである。

２．利用目的の通知または公表と明示

　個人情報を取得した場合には、利用目的を速やかに本人に通知し、または公表するのが原則である。あらかじめ公表していれば、その範囲においては新たに取得するごとに公表・通知する必要はない。

　契約書や応募はがき、アンケート、申込書などの書類やホームページな

どの入力フォームへ本人が直接、個人情報を書き込む場合は、あらかじめ利用目的を明示しなければならない。ただ、利用目的を取得するたびに本人に通知することは現実的には困難であろう。本人が個人情報を書く場合と合わせて考えると、あらかじめ公表する、明示するというのが現実的な方法だと考えられる。

公表と明示の違いについては、本書の用語の定義で解説している。基本的には、事前に目に触れるようにすることと考えてほしい。分かりにくいところに記載されていたり、あるいは非常に小さな文字で書かれていたりするといったことがよく問題になるので、気をつけてほしい。

オンラインの場合には、利用者の不信感を払拭するためにも、入力前にプライバシーポリシーなどを読むように注意喚起したり、チェックボックスに記入してもらったりすることによって内容を確認してもらうといった手段などを活用して、確実に伝えたことが証明できるようにしておくのが望ましい。

どのような目的のために、どんな情報を取得しているかを間違いなく通知し、または公表、明示するというのは単純なことではある。しかし結果的に虚偽の内容であればもちろんのこと、説明不足である場合にも欺瞞的と見られる可能性があるので、伝える内容や表現について熟考する必要がある。

ここまでの STEP で、個人情報の取得とはどのような場合があるかを説明してきた。あらためて見落としがないように確認してほしい。

よく勘違いされるものとして、SNS やブログで本人が公開している場合である。公開情報であっても個人情報であることには変わりないので、取得する場合には利用目的の通知または公表が必要である。ただし、閲覧しただけでは取得には当たらない。

利用目的は、具体的に示すことが求められている。「事業活動に用いる

ため」や、「マーケティングに利用する」といった漠然とした記述は認められない。

　前者であれば、「商品やサービスの改善のため」「商品の発送やサービスのアフターサービスのため」といった細かなレベルの内容まで示す必要がある。

　また後者では、広告の場合が多いと思われるが、この場合も「自社の新商品や新サービスのお知らせ」「パートナー企業からのお知らせや広告」といったように、誰からのどのような広告であるかが分かる記述が望ましい。

　2022 年施行の改正では、プロファイリング等、本人が合理的に予測できない個人データを処理する場合は、本人が予測できる程度に利用目的を特定しなければならないとされた。この場合については次の STEP4-5 で解説している。

　自社のホームページ、アプリケーションや定期的な刊行物などに、他社の広告を掲載する場合には丁寧な対応が必要になる。広告主から指定された一定の条件に当てはまる利用者に対して送るのが一般的だが、利用者にとっては個人情報が他社に第三者提供されているように誤解されやすい。

　このような説明不足が、利用者の不安感や不信感を招いてしまう原因となる。リスク対策の一つとして、丁寧な説明を心がけてほしい。

　これらの説明の記載は、一般的にプライバシーポリシーやステートメントで行われることが多い。注意事項などについては「4．プライバシーポリシーをどう書くか」にまとめているので参照してほしい。

　また、利用目的に関係のない個人情報を取得するのも適正とはいえない。いつか将来、情報を利用するかもしれないと考えて、できるだけ多くの情報を取得したいと考えるかもしれない。しかし利用者の立場で考えれば、これほど不安と不信感を与えるものはない。従って、法令でも「できるだ

け特定しなければならない」と同時に、「利用目的の達成に必要な範囲を越えて、個人情報を取り扱ってはならない」とされている。ただし、確実に取得することが計画されているような場合は、あらかじめ記載しておいても構わない。このあたりは微妙なところでもあるので、弁護士や専門家に相談した方がよいだろう。

通知、または公表が正しく行われているかを確認して、問題があるようであれば改善しなければならない。そもそもまったく通知も公表もしていなかった場合は論外である。取得の中止や情報の廃棄を迫られるだけでなく、利用者への謝罪のほか、場合によって事業の存続についても検討が必要になる恐れがある。

一方、利用目的が実態を正しく反映していなかった場合には、利用目的の変更や追加に当たるかどうかを検討し、該当する場合にはSTEP11を参考にして、通知または公表でよいのか、同意取得が必要であるかを判断して対応することになる。

利用目的の変更というよりも内容をより具体的で明快なものにする場合は、通知または公表で可能な場合も多いと思われる。ただ、程度にもよるため専門家に相談することをお勧めする。

利用目的の通知または公表、あるいは明示が適正であるかどうかは、利用者によって感じ方が大きく異なる。コンプライアンス上は問題ないにしても、さらに善意で改善したことにより、かえってこれまでの対応に不信感を持たれるなどといったことも起こり得る。

3. 要配慮個人情報の取得

要配慮個人情報は、取得の際の利用目的の通知または公表に加えて、そもそも本人の同意を得なければ取得を許されていない。これらを合わせて考えると、利用目的を知らせたうえで、取得の同意を得る必要があるということだ。

要配慮個人情報については、用語と定義にまとめている。

　要配慮個人情報は独立して定義されているため勘違いしがちだが、個人情報の一種であり、個人情報としての規律に上乗せして、より注意して取り扱う必要があるとされているものである。利用目的の制限や利用目的の変更、第三者提供についての規律なども同様に課されており、取得の同意を得ているからといって、その他の規律が緩められているわけではないので注意してほしい。

４．取得、利用目的の通知または公表に関する例外

　要配慮個人情報の場合も含めて、微妙に違いがあるので一覧表で確認していただきたい。

　利用目的の達成に必要な範囲を越えて取り扱ってよい場合、利用目的およびその変更の通知または公表をしなくてもよい場合がある。

　おおむね似たようなものでは、人の生命、身体または財産の保護や公衆衛生の向上、児童の健全な育成の推進といった場合だ。国や地方公共団体の委託を受けた者が、法令で定められた事務をすることに対して協力する場合で、かつ本人の同意を得るのが困難であったり、通知または公表することで本人や第三者の権利利益を害する恐れがあったりする場合が該当する。

　要配慮個人情報では、本人が公開している場合や、国内外の政府関係機関、地方自治体、報道機関、学術研究機関、宗教団体、政治団体などが公開している場合には、取得についての同意は不要である。ただし、個人情報であることには違いがないので、取得後に本人に通知または公表する義務はあるので注意してほしい。

　また利用目的の通知または公表について、個人情報取扱事業者の権利または正当な利益を害する恐れがある場合は適用外とする条項がある。ただ、これは事業者にとってはクレーマーや反社会勢力への対策程度でしか使えない条項だと考えておいた方がよいだろう。

図表4-3　取得、利用目的の通知または公表に関する例外一覧

	利用目的の通知又は公表をしなくて良い場合	利用目的による制限の例外（同意取得不要で利用目的外の利用が可能な場合）	要配慮個人情報の取得の際に同意が不要の場合
法令に基づく場合		○	○
人の生命、身体又は財産の保護のため	○※2	○	○
公衆衛生の向上又は児童の健全な育成の推進のため	○※2	○	○
国の機関若しくは地方公共団体又はその委託を受けた者が法令の定める事務を遂行することに対して協力する場合	○	○	○
本人、国の機関、地方公共団体、第76条第1項各号に掲げる者その他個人情報保護委員会規則で定める者により公開されている場合　　※1			○
当該個人情報取扱事業者の権利又は正当な利益を害するおそれがある場合	○		
取得状況から見て利用目的が明らかである場合	○		
委託	○※3		○※3
事業の継承	○※3		○※3
共同利用	○※3		○※3
あらかじめ公表している場合	○		
本人を目視し、又は撮影することにより、その外形上明らかな要配慮個人情報を取得する場合			○

※1　本人、以下国内・国外とも国の機関、地方公共団体、報道機関、著述業、学術研究機関、宗教団体、政治団体、国際機関

※2　法第18条第4項第1号では「利用目的を本人に通知し、又は公表することにより本人又は第三者の生命、身体、財産その他の権利利益を害する恐れがある場合」とされており、他の法益が上回る場合と解釈できる。

※3　委託、事業継承、共同利用で個人データを受ける者が対象であって、最初の本人からの個人情報及び要配慮個人情報の取得については通知、公表、明示、同意取得などが必要。

　一方、「取得の状況から見て利用目的が明らかであると認められる場合」というのは判断の難しいところがある。例えば、リアルタイムに利用者がいる場所の天気や時刻表を表示するサービスでは位置情報が、アドレス帳アプリケーションでは名前、住所、電話番号やメールアドレスなどが必須

であることは誰にでも分かるだろう。

　商品の発送では配送会社へ、購入した商品の修理依頼ではメーカーなど
へ名前や住所、連絡先などが通知されるのも自明の理だろう。ただ、どこ
までを自明の理とするかは、利用者による主観が入るため判断が難しいと
ころである。従って、このような場合も通知または公表しておくと考えた
方がよいだろう。

５．透明性の確保

　さらに、利用者に正しく説明されていることを「適正な取得」と考えた
場合には、後述する個人情報に対する「本人の関与（開示等）の確保」や、
第三者提供や匿名加工情報をする場合の説明などが正しく行われているか
も重要である。これらが正しく説明されていなければ、やはり利用者を欺
いたと思われても仕方がないだろう。

　これらもプライバシーポリシーやステートメントの記載事項の変更で対
応することになる。第三者提供では本人の同意取得が必要な場合や、一定
の周知期間が求められる場合（STEP6 参照）があるので注意してほしい。
また、軽微なものでも変更や改訂した場合は、単に書き換えればよいとい
うのではなく、変更や改訂した事実については通知または公表すべきであ
ろう。

６．入手の経緯

　個人情報を本人以外の第三者から提供を受けた場合には、記録義務と同
時に提供を受けた個人情報が適正に取得されたものであるかどうかを確認
する義務が課される。また、本人から開示を求められた場合には対応しな
ければならないことが 2022 年施行の改正で追加されている。こちらの詳
細については STEP7 で詳説する。

7．説明通りの運用

　利用者に対して必要な説明が行われていたとしても、その通りに運用されていなければ、それは虚偽の説明であり、欺瞞的な取得となってしまう。情報の洗い出しやプライバシーポリシー、規約などの確認だけでなく、ヒアリングをして運用の実態を把握しておこう。

　よくありがちなのが、問い合わせ先の電話番号や住所、メールアドレスの間違いだ。最初から間違えることはさすがにないと思うが、組織変更や移転などの際に忘れがちなので、ぜひ一度確認してほしい。

STEP 4-5
公表事項の充実

・2022年施行では、安全管理措置と利用目的の特定に関して、より詳細に公表することが義務付けられた

　2022年施行の改正では、個人情報を取り扱う場合の公表事項についても追加があり、大半の事業者が見直しを求められることになる。プライバシーポリシーに記載すべき公表事項については、「4．プライバシーポリシーをどう書くか」でまとめているが、ここでは今回の改正に伴う部分を詳説する。

　特に安全管理措置については、これまでは組織的体制や技術的な対策などまでは説明せず、適切に取り扱っているとのみ表明しているのが一般的だった。しかし、今回の改正では、安全管理のために講じた措置（公表により支障を及ぼす恐れのあるものを除く）を公表することが求められている。

　また、利用目的の特定についても、プロファイリングのように本人が合理的に予測できないような個人データの処理について、本人が予測できる程度に利用目的を特定しなければならないとされた。これまでのような利用目的の公表だけではなく、どのような処理をするかについても一定程度公表しなければならないということである。

1．安全管理措置における公表事項

　消費者の個人情報に対する不安の高まりに対応するため、どのような安全管理措置が講じられているかについて、本人が把握できるようにすることを目的として、法定公表事項が拡大されることになった。

　個人データの取り扱いに関する責任者を設置していること、個人データを取り扱う従業者および当該従業者が取り扱う個人データの範囲を明確化していることなどを記載することなどが求められている。

　公表した内容の通りに運用されていなければならないということを前述したが、このように公表事項が法定されたということは、安全管理に必須の措置が決められたということでもある。

　また、個人データを外国で処理する場合について、当該外国の制度などを把握した上で、安全管理措置を講ずべきとされており、この点でも新たに公表することが望ましいとされたものが増えている。

　個人データを外国の第三者に提供する場合には、STEP9で詳説するが、ここでは、外国にある自社の事業所や国内子会社の海外事業所のように、これまで個人データを取り扱う事業者と一体的に見られていた場合を想定している。取り扱う場所が外国である場合には、その外国の法律に従う必要があるケースがある。例えば当該国の管理当局が当該国にある個人データの提供や開示を求めることができるような場合である。このような場合の安全管理措置については、STEP12で詳説するが、個人データを外国で取り扱う場合には、その旨と当該外国の個人データの取り扱いに関する制

度などの情報およびどのような安全管理措置を施しているかを公表することが望ましいとされている。

２．合理的に予測などできない処理における公表事項

　EC（電子商取引）サイトにおけるお薦め商品の表示、ニュースサイトにおける記事表示の最適化、音楽サイトにおける楽曲やアーティストのお薦め、あらゆるサイトでの広告表示など、今やレコメンドやターゲティングは極めて一般的な手法となっている。その一方で、消費者からは、なぜこのようなお薦めや広告表示をされるのかが分からない場合が多く、不安感や不信感を招く大きな原因となっている。

　今回の改正では、単に利用目的を公表するだけではなく、本人が合理的に予測できないような個人データの処理をして利用する場合には、本人が予測できる程度に利用目的を特定し公表することが義務付けられた。これは、いわゆるプロファイリングする場合には、その処理内容を一定程度、具体的に公表せよということである。

　具体的には、最適な情報や広告などを表示する目的で、購買履歴、検索履歴、閲覧履歴、視聴履歴などを元に興味、趣向を類推したり、属性情報と位置情報や時間情報を元にシチュエーションを類推したりするなどの分析をする場合などが該当する。このような場合に、どの情報をどのような処理をして何に利用するかを公表する必要がある。

　ただし、あまり詳細になるとかえって理解できない、あるいは文章量が多くなりすぎて煩わしいなどの弊害もあるため、本人が予測できる程度とされている。

STEP5

ライフサイクルにおける取り扱いの適正性の判断

STEP 5-1
ライフサイクルにおける取り扱いの適正性

・データ内容を正確かつ最新の内容に保つ
・利用する必要がなくなったときは、遅滞なく消去する
・安全管理措置の徹底

　取得した個人情報は、何らかの処理が行われて、最終的には消去または廃棄されるわけであるが、その間も適正に取り扱わなければならない。その大半は、安全に管理されているかどうかということである。安全管理措置についてはSTEP12で詳説するので、ここでは考え方だけを説明する。

１．データ内容の正確性

　個人データは正確かつ最新の内容に保つよう努めることが求められている。これは、間違った情報や古い情報を利用したことによって、利用者に不利益を与えないようにするためである。

　正確かつ最新の内容に保つよう努めることには、二つの意味がある。

　一つは、取得の際に正確な情報を取得すると同時に、できるだけ最新のものに更新することである。もちろん、これは可能な限りという努力義務なので、頻繁に利用者に問い合わせなければならないということではない。

　もう一つは、事業者内でのミスを防ぐことである。入力、更新、訂正などの際に正しく行われているかどうかのチェック体制や、一定以上更新のない情報の取り扱いを決めるなど、運用の仕組みや組織体制を整えることである。

２．保存と消去

　保存に関しては、利用する必要がなくなったときには遅滞なく消去する

ことが努力義務とされている。

　システムの関係で一定期間ごとでなければ消去できないこともあるので、逐次実施することまでは求められていないが、システムのメンテナンス計画ともすり合わせて、一定の期間ごとに計画的に消去すればよいだろう。今後、新たにシステムを開発したり、改修したりするのであれば、あらかじめ消去に関しても設計に組み込んでおくべきである。

　ただし、第三者提供している場合は、注意が必要だ。STEP6 を参照していただきたいが、第三者提供の際の記録の保存期間は基本的に 3 年である。保存期間内は、誰のどのデータを提供したかが分からなくなってしまってはいけないので、記録の方法と合わせて考えておく必要がある。この場合の消去とは、ガイドラインでは個人データを利用できなくすることだと言及されている。従って、サーバーなどのデータベースで管理されているような場合は、利用する必要がなくなったデータには利用不可とするフラグを立ててアクセスできないようにして、保存期間が過ぎた時点で削除するような仕組みも有効である。

３．加工

　加工の方法などについては、仮名加工情報や匿名加工情報の作成、突合を除けば、特に制限があるわけではない。ここでは主に誰が加工するのか、つまり個人データにアクセスできる者が、しっかりと管理されているかどうかである。

　ただし、STEP4-5 で述べた通り、加工の方法（データの処理）について公表しなければならない場合があるので、どのような目的のためにどんな加工をしているのかを把握して、公表の必要性の有無を確認することが求められる。

４．利用

　当然のことながら、事業者などが利用者に通知や公表した範囲外で個人

データを利用することは禁止されている。

　利用については、できるだけ目的を具体的にすることが求められている。2022年施行の改正では、本人が合理的に予測できないような個人データの処理をして利用する場合には、本人が予測できる程度に利用目的を特定し公表することが義務付けられた。本項3の加工と併せて、STEP4-5を参考に公表内容が適当か確認してほしい。

　同じく今回の改正で、不適正な方法による個人情報の利用の禁止が追加されている。本項STEP5-3で詳述するので、こちらも確認してほしい。それ以外で法律では明言されていないものの、利用者に対する事業者の姿勢として、いくつか気を付けてほしいポイントがある。

①コンテキストの重視

　コンテキストとは一般的には文脈と翻訳されるが、状況や前後関係、背景と言った意味がある。個人情報やプライバシーの分野では、利用者や消費者の「意に沿う」ものであるかという意味で使われる。

　サービスやアプリケーションの内容や個人情報を取得した際の通知、公表、明示などを総合的に勘案して、利用者が納得できる利用であるかどうかが判断される。コンテキストは事業者が利用者の視点で考えるべきものであり、事業者の期待値で考えてはいけない。

　違法ではなくとも炎上が起こる場合の多くは、利用者の「意に沿わない」場合である。「意に沿わない」という事案の内容には、想定していた以上や以下であったり、気付かなかったり、あるいは個人情報を他の場面でも利用しているのではないか、という疑念なども含まれる。

②取得の状況からみて利用目的が明らかであると認められる場合

　取得の状況からみて利用目的が明らかな場合とは、利用目的を通知しなければならないと定めた法律の例外として、コンテキストを重視して法文上で唯一言及がされているものである。一見、事業者に配慮したもののよ

うに思われるが、利用目的が明らかであると認められるかどうかは、利用者の視点から判断されるということに注意が必要だ。

　例えば、電車の乗り換え案内や天気予報のアプリケーションで現在地の情報を提供するような場合は、事業者が利用者の位置情報を取得しなければならない。あるいは、電話帳や住所録、はがき作成などのアプリケーションでは、名前や詳細な住所、電話番号などを取得する必要がある。アプリケーションを提供する目的自体が個人情報を整理することにある。このような場合には、本人への通知や公表も必要としない。

　一方、最近増えつつあるアルバムアプリケーション、写真公開のサービス、SNS などで顔を認識し、氏名や会員 ID などと自動でひも付けるのは、必ずしも利用者がそのことを認識しているとは言い切れない。こうしたサービスが一般化すれば利用目的は自明のものとなることもあり得るが、現時点では過渡期である。このような新たに提供するサービスの場合は、理詰めで利用目的は自明と考えるのではなく、目新しいものについては利用者が理解できていないものと考えて、説明する必要がある。

　かつて、現在地を取得して情報を提供するサービスでは、リアルタイムで位置情報を追い続けられるのではないか、といったアプリケーションの目的を超えた不安感を持たれた時期もあった。同様に顔写真と氏名や会員 ID とのひも付けでは、この情報を事業者が利用しているのではないかといった不安感を持つ利用者もいる。

　自明な利用目的であっても、それ以外には利用しないことを説明するというひと手間をかけることで、不必要な疑念を払拭して、事業者の信頼感を高めることにつながる。透明性を高めるというのは、利用者視点で事業者への信頼を高めるために積極的にするものであると捉えてほしい。法律などで定められたことさえすればよいという事業者視点の考えであってはならないのだ。

　なお、利用目的を変更する場合には、STEP11 を参照のこと。

5．例外やイレギュラーな取り扱い

　法律で定められた例外については各 STEP で述べている。ここでは、ビジネスの関係やシステムの管理上、自社で定めていた本来の取り扱いと異なる処理が求められた場合について、どう対策すればよいかについて考え方を説明する。その基本は、例外やイレギュラーを検知し、責任を持って対応できる体制を構築することにある。

　個人情報にアクセスする者やその管理者が、法令に則った対応ができるような組織体制になっていることが重要である。判断に悩んだ際に、法務やシステム管理者に相談ができるような仕組みを整えておかなければならない。現場の勝手な判断によって知らない間に違法な状態になってしまわないように、様々なチェック機能が働くように仕組みを整えておくことも重要なポイントである。

STEP 5-2
ライフサイクルにおける利用者説明の課題

> ・求められているのは、具体的な個人情報の取り扱い内容である
> ・内規で決められている事項や組織体制など、事業者の努力を積極的に伝えることで、信頼感の醸成に役立てる

　事業者内で個人情報を適切に取り扱うのは当然のこととして、最近では利用者に具体的にそのことを伝えることも重要になってきている。

　一般には「法律に則って取り扱う」といった一言で説明してしまっている場合が多いが、これは当たり前のことであり、本来わざわざ記載するようなものではない。個人情報を活用した新たなサービスや広告手法が急激に増える中で、個人データの漏洩事件も頻発しているため、利用者の不安

図表 5 -1　ライフサイクルにおける利用者説明の問題点

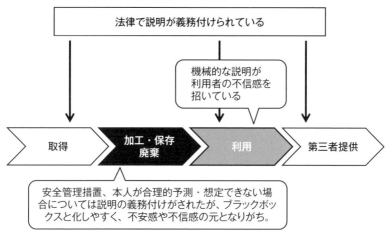

感は日に日に増している。情報が適正に取り扱われていることを具体的に
伝えて、信頼を得られるようにすることが不可欠になっている。2022年
施行の改正でも安全管理のために講じた措置（公表により支障を及ぼす恐
れのあるものを除く）を公表することが求められている。具体的な公表内
容は STEP4-5 で詳述しているので、そちらで確認してほしい。

1. データ内容の正確性

　データ内容を最新で正しいものとするためには、利用者の協力が不可欠
である。対策としては、いつでも利用者が本人のデータにアクセスして自
ら変更できるようにすることがもっとも有効だ。そうした仕組みができて
いても、利用者に伝わっていなければ意味がない。そのため、利用者が本
人のデータにアクセスして自ら変更できる仕組みがあることを一定期間ご
とに通知したり、目立つ場所に常時掲出したりすることが必要だろう。

２．保存と消去

　システムの運用にともなって内規で決めている内容を伝えるのがよいだろう。具体的には、利用者の情報の保存期間とどのタイミングで消去するのかをプライバシーポリシーやステートメントで説明することになる。

　検索サイトやオンライン広告では、個人情報には該当しないとされているクッキー（cookie）であっても、保存期間や有効期間をポリシーで説明することが一般的になっている。個人情報を取り扱う事業者には、ぜひともこれを見習っていただきたい。

３．加工

　加工については、個人情報の取り扱い全般について、どのような組織体制となっているのかを説明することにより利用者の安心感が得られる。2022 年施行の改正では、個人データの取り扱いに関する責任者を設置していること、個人データを取り扱う従業者および当該従業者が取り扱う個人データの範囲を明確化しているなどを記載することが公表事項として義務化された。業務委託している場合には、その管理についても説明が必要だ。

　利用者が不安感や不信感を持つ理由の大半は、事業者内部の仕組みが見えないことにある。これらの多くは内規として定められているはずである。せっかくの企業努力は積極的に利用者に伝えて、信頼感の醸成に役立てたい。

４．利用

　法律で求められているわけではないものの、利用者の意に沿った利用に努めるというコンテキストの重視や、取得状況から見て自明の利用目的であっても、不要な炎上の回避や利用者視点にたった事業者の信頼感醸成のために、できるだけ説明すべきであると述べた。ただ、説明の仕方については多少慎重に考える必要がある。

　機械的に取得する情報と利用目的を記載すればよいというものではな

い。これでは、法律の規律を超えて、わざわざ上乗せして説明していることの意味が伝えられていない。利用者の信頼感醸成という目的に則した説明の仕方を考えてほしい。

5．例外やイレギュラーな取り扱い

　例外やイレギュラーを事前に特定することは、もちろん不可能である。しかし、何が起こっても、しっかりと組織的に対応できることを知ってもらうことは、企業への信頼感の醸成につながる。本項3の加工での説明と合わせて検討すればよいだろう。

STEP 5-3
不適正な方法による個人情報利用の禁止

　2022年施行の改正で新たに追加されたものである。違法または不当な行為を助長し、または誘発する恐れがある方法により個人情報を利用してはならないとされている。個人情報保護法だけではなく、他の法令も含めて違法となる利用は言うまでもないが、社会通念上悪質あるいは公序良俗に反すると考えられているような利用を禁止するものである。

　具体的な事例はガイドラインの通則編に記載されているが、端的に言えば、これまで違法とまでは言えないが炎上は必至と思われるようなものは、個人情報保護法上で違法とするものだと考えてよいだろう。社会通念上と断りがある通り、社会情勢や時代とともに変化するものであることから、単純にガイドラインの事例をあてはめて考えればよいというものではない。
　反社会的勢力を利するようなもの、公序良俗に反するもの、悪用することが分かっているような相手への第三者提供がNGであることは比較的判

断しやすいが、この規定はもっと視野を広げて対応する必要がある。本人
にとって差別や不利益となる利用が禁止されていると考えるべきである。
　特に平等であるか、公平であるかといった観点が重要である。例えば病
院の受診履歴、薬品の購買履歴あるいは Web での医療情報の閲覧履歴から
病名を割り出し、本人に必須と思われる薬品などを一般より高額で売りつ
けるといった弱みに付け込むような方法は違法とされることになるだろう。
　また、機会均等や差別といった観点も今後重視されると考えられる。一
定の富裕層は優遇するような利用、社会的弱者を排除するような利用は、
海外ではすでに一定程度禁止され始めている。
　例えば米国では、住宅販売において富裕者が多い地域や白人が多い地域
だけに Web 広告を掲出するといった方法は差別に該当するとされて、広
告掲出のための地域設定機能が制限されている。日本においては差別や機
会均等への配慮がまだあまり進んでいないため、ただちに違法とされるこ
とはないものの、現在でも炎上の恐れはある。事業者への信頼の確保といっ
た点でも、違法か否かの観点だけではなく、時代や社会状況とともに変化
する不適正な利用とは何であるかを念頭に、定期的に個人情報の利用方法
を点検することが求められるようになるだろう。

STEP6

第三者提供、業務委託、事業の承継、共同利用

STEP 6-1
個人データの第三者提供の概要

- ・個人データを第三者に提供する場合、本人の同意を得るのが原則
- ・同意取得の例外は、他の法益が優先する場合、オプトアウト手続き
  をした場合、提供先が第三者と見なされない場合、個人データの第
  三者提供と見なされない場合
- ・要配慮個人情報の第三者提供ではオプトアウト手続きが認められない
- ・外国の事業者への第三者提供については別途の規定が設けられている
- ・記録、確認などが義務付けられている

　自社で取得した個人データを第三者に提供するためには、個人データに関わる本人の同意を得ることが原則であるが、例外のパターンがいくつかある。

　一つ目のパターンは、法令に基づく場合や人命や財産に関わる場合、公衆衛生や児童福祉に関する場合、公共機関の法令に基づく事務の遂行の場合などだ。本人の同意を得るのが困難である場合や、緊急事態などで間に合わない、あるいは本人の同意を得ることで支障を来たすなど、他の法益が優先すると考えられる場合である。

　二つ目のパターンは「オプトアウト（データの利用停止）手続き」といわれるものだ。後述する一定の手続きをすることで、あらかじめ同意を得たのと同じと見なすものである。ただし、要配慮個人情報には、この例外は適用されない。また、2022年施行の改正でオプトアウトにより第三者提供されて取得した個人情報をさらに第三者に提供することもできなくなったので注意が必要である。

　三つ目は、業務を委託する場合、合併などで事業を承継する場合、共同

利用する場合などで、提供相手を第三者と見なさないとする場合である。統計情報に加工して提供する場合は個人データの第三者提供とは見なされない。

　匿名加工情報の第三者提供については、後述する別途の規定がある。また、2022年施行の改正で定められた仮名加工情報は第三者への提供はできない。

　さらに注意が必要なのは、提供先が海外の場合である。一つ目のパターン（他の法益が優先する場合）を除いて、一定の条件が満たされない限りオプトアウト手続きは認められない。共同利用や事業継承、業務委託の場合も、本人の同意が必要である。こちらについてはSTEP9で詳説する。

　第三者提供する場合、提供者には記録の義務、提供を受ける者には確認と記録の義務が課され、本人からの開示要求があれば対応しなければならない。こちらの詳細については委員会規則で定められており、本書のSTEP7で解説する。

　以上の通り、第三者提供では多岐にわたる制限事項があるため、見落としがないように確認し、適正かどうかを判断しなければならない。

STEP 6-2
同意取得の例外について

> ・第三者提供が利用目的の通知または公表に含まれていない場合は、オプトアウト手続きによる第三者提供は認められない
> ・例外となるのは、法令に基づく場合、他の法益が優先する場合、業務委託、事業の承継、共同利用の場合

・外国の事業者への業務委託、事業継承、共同利用は、別の規定があるので要注意
・統計情報などの提供元でも特定の個人を識別できなくなったものや、匿名加工情報も同意取得の必要はない

　第三者提供の場合、本人の同意取得が原則であり、そもそも利用目的の通知または公表の際に第三者提供が含まれている必要がある。そのため、第三者提供が利用目的に含まれている場合と含まれていない場合で、同意取得の例外が一部異なっている。

　大きな違いは、後述するオプトアウト手続きによって第三者提供ができるか否かである。オプトアウト手続きとは、同意取得を不要とするためのものであり、利用目的に第三者提供を追加するためのものではない。従って利用目的に第三者提供が含まれていない場合には、まず第三者提供をできるように利用目的を変更する必要がある。

　利用目的を変更すればオプトアウト手続きもできるようになるが、利用目的の変更は本人の同意を得る必要がある。つまり、利用目的に第三者提供がない場合、同意を得て第三者提供することと同義になる。

　もう一つ、注意が必要な点がある。ブログやSNSなどに含まれる公開された個人情報を取得する場合である。ブログやSNSの事業者は、利用者自らの判断で情報の公開について指定しているので、第三者提供に関する同意取得の義務は発生せず、オプトアウト手続きも不要である。

　一方、ブログやSNSから個人情報を取得する場合は、公開情報であっても個人情報である限り、本人へ利用目的について通知または公表が必要である。従って、この際に利用目的に第三者提供が含まれていない場合には、本人の同意取得が必要となり、オプトアウト手続きは認められないことになる。また、書き込んだ本人はブログやSNS上での公開としただけで、それ以上の情報の流通を望んでいない場合もある。この辺りの判断は非常

図表6-1 第三者提供における同意取得の例外

	利用目的に第三者提供がある場合	利用目的に第三者提供が無い場合
法令に基づく場合	○	○
人の生命、身体又は財産の保護のため	○	○
公衆衛生の向上又は児童の健全な育成の推進のため	○	○
国の機関若しくは地方公共団体又はその委託を受けた者が法令の定める事務を遂行することに対して協力する場合	○	○
委託	○	○
事業の承継	○	○
共同利用	○	○
オプトアウト手続きを行っている場合	○ 要配慮個人情報除く	×

　に難しいが、本人の意思を尊重することは重要であるので、機械的にオプトアウトで第三者提供するような方法は避けるべきであろう。公開情報であるから自由に流通させてよいということにはならないので、注意してほしい。

　上記以外では、利用目的に第三者提供が含まれているか否かにかかわらず、以下の場合が同意取得の例外となる。法令に基づく場合、人命や財産に関わる場合、公衆衛生や児童福祉に関する場合、公共機関の法令に基づく事務の遂行の場合などで、本人の同意を得るのが困難である場合や、緊急を要する事態などで間に合わない、あるいは本人の同意を得ることで支障を来たすなど、他の法益が優先すると考えられる場合である。

　後述の通り、業務を委託する場合、合併などで事業を承継する場合、共同利用する場合などは、提供相手を第三者と見なさないとされているので、同意取得は不要だ。ただし、外国の事業者への委託、事業承継、共同利用ではこの規定が適用されない場合がある。STEP9で詳述するが、基本的に外国の事業者へ個人データが移動する場合には同意取得が前提となる。

　さらに、次項で詳述する提供元基準に基づくと、提供元でも提供先でも

特定の個人を識別することができない統計情報などに加工した場合は、個人データの第三者提供に該当しなくなり、同意の取得は必要なくなる。

　匿名加工情報に加工して提供する場合は、同意取得は不要であるが、取り扱いについて別途の規定があるので注意が必要だ。

STEP 6-3
第三者提供における提供元基準

> ・いかなる加工をしようとも、提供元で特定の個人を識別できる場合には個人データの第三者提供になる
> ・同意を必要としない匿名加工情報も、提供元では特定の個人を識別できないようにしなければならず、さらに匿名加工情報としての規律がある
> ・個人関連情報は提供元で特定の個人を識別できないが、提供先で個人情報となることが想定されるか否かの提供先基準が適用される

　まず、第三者へ提供しているデータが個人データに当たるかどうかを確認する必要がある。これまでにも繰り返し述べているが、特定の個人を識別できるものが含まれている個人情報データベースなどが存在する場合、その中のデータは全て個人データである。第三者提供について制限されているのは、提供元が「個人データ」を提供する場合である。提供先で特定の個人を識別できるか否かは問題にしていない。言い方を変えると、提供元で特定の個人を識別できる情報を提供する場合は、すべて「個人データの第三者提供」に該当するということであり、これを提供元基準という。2022年施行の改正で、個人関連情報は提供先で個人情報となることが想定されるか否かの提供先基準が導入されたが、個人データについては提供

図表6-2　第三者提供における提供元基準

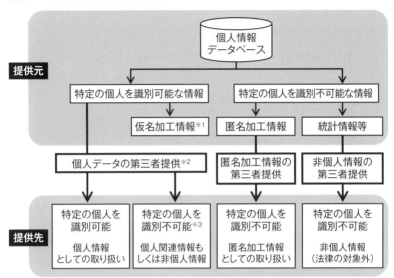

※1　仮名加工情報は第三者提供できない（自社内、共同利用、委託業務での利用のみ）
※2　第三者提供の同意を取得すれば、提供元での特定の個人の識別に関係なく提供可能
※3　個人を特定はできないが識別可能な情報は個人関連情報となる

元基準のままで変更はない。第三者への提供では、この提供元基準を基に、個人データの第三者提供に当たるかどうかを判断する必要がある。

1．提供元でも特定の個人を識別できないレベルまで加工したもの

　統計情報といわれるものがこれに含まれる。一般に統計データとは、複数のデータをまとめたもので、元のデータに復元することが不可能と考えられている。ただし、元のデータが少ない場合、特異なデータが含まれている場合などで、他のデータとまとめられることなく残ってしまうことがある。このデータが提供元で特定の個人を識別できるようであれば、当然のことながら個人データが含まれていることとなる。

　本人の同意を得ずに第三者提供できるようにするためには、このような

データを削除するか、あるいは一意に決まらない（元データの中に同じ値を持つデータが複数含まれている）ように加工をする必要がある。

　2022年施行の改正で、匿名加工情報もこの分類に含まれることとなった。匿名加工情報は、次に詳述する提供先で特定の個人を識別することができないようにする方法であったが、今回の改正で提供元でも特定の個人を識別できないようにすることが義務付けられた。

　匿名加工情報と統計情報の違いは、個票か否かと考えてよいだろう。匿名加工情報は個人データから特定の個人を識別できないようにしたものなので、特異な値を削除するなどで元データの人数より少なくなることもあるが、基本的に100人の個人データから100人の匿名加工情報が作成される。一方で、統計情報は一般的に一定の条件について何人いるかを求めるものなので、基本的に絞り込んだ条件においても複数となる。条件設定によって対象者が一人だけとなる場合もあるが、特定の個人が識別できなければ問題ないとされている。

2．提供先では特定の個人を識別できない加工をしたもの

　提供先で特定の個人を識別できないようにする方法として、元の識別子を別IDに付け替え、特定の個人を識別できる個人識別符号、氏名や詳細な住所、特殊な情報などを削除や丸めるなどして第三者に提供するといった方法が、これまでも一般的に行われてきた。このような方法について、2022年施行の改正法では新たな定義と規制が加えられて複雑化している。

　匿名加工情報は、これまで提供元で別IDと元データとのひも付けの対照表を保持することが可能であったが、この対照表の破棄を含め、前項の提供元でも特定の個人を識別できないようにすることとなった。

　一方で、提供元では特定の個人を識別できるものの、提供先では特定の個人を識別することができない加工をしたものを、新たに「仮名加工情報」として定義した。ただし、仮名加工情報は第三者提供を禁止している。

　匿名加工情報と仮名加工情報については STEP8 で詳述する。匿名加工情報や仮名加工情報以外に提供先で特定の個人を識別できないように加工したものも存在する。この場合は識別できないことを事業者が自ら保証しなければならないが、本人の同意を取得すれば第三者提供が可能である。あくまでも「個人データ」の第三者提供に該当するものであり、本人の同意を取得できれば加工の有無は問われないが、提供側では記録義務が発生する。

　繰り返すが匿名加工情報や統計情報等の特定の個人を識別できなくした以外のものは「個人データ」の第三者提供であるので、2022 年施行の改正で定められた個人関連情報の第三者提供における義務は発生しない。しかし、これも繰り返しになるが、同意取得の際に「提供先で特定の個人を識別できないように加工」することを約束しているので、これを事業者が保証しなければならない。

　一方で提供先では特定の個人を識別できない情報で個人関連情報もしくは非個人情報となるので、確認や記録義務も求められなくなる。

3．加工しなくても提供元では特定の個人を識別できない情報

　会員や顧客の情報などとひも付けることがなく、また、容易に特定の個人を識別できることがない情報だけを取得してデータベース化している場合、これまでは個人情報保護法の対象外であった。しかし 2022 年施行の改正では、このような情報を「個人関連情報」と定義し、提供先で特定の個人を識別できる情報になる、あるいは想定される場合には、一定の義務が課されることとなった。STEP 6-8 で詳述するが、個人情報を取得していないからといって安心はできない。特にこれまでクッキー（cookie）や広告 ID のみを取得していたサイトやアプリケーションは注意が必要だ。

STEP 6-4
適正な同意取得

> ・同意取得は、何らかの形で証明できる方法が望ましい
> ・可能な限り個別同意、明示的同意とするのが望ましい

　自社で取得した個人情報を第三者に提供する場合は、あらかじめ本人の同意を得るのが原則だが、その方法については法令で規定されていない。本人が認識しているか否かが判断の基準となるが、明確な線引きがあるわけではなく、同意取得の方法、表現、タイミングなどを総合的に勘案して判断しなければならない。

　いずれにしろ、何らかの形で本人が同意したことを証明できるようにするのが最も望ましい。例えば、対面の場合には口頭だけではなく本人の署名や印鑑のある書面、Webやアプリケーションでは同意のクリックがなければ次に進めない仕組みなどが考えられる。

　しかしながら、このような方法であっても、必ずしも同意を必要としない様々な承諾事項の中に含めて一括で同意を取得する場合が少なくない。逆に、多数のものに分割することにより煩雑になってしまい、本人が内容を認識することなく機械的に同意してしまうなど、だまし討ちや欺瞞的と見なされかねない可能性がある場合も散見される。このような事例は「ダークパターン」と呼ばれ、民法や消費者保護の関連法で規制されつつある。今後は個人情報保護法や電気通信事業法などでも規制が強まることが想定されている。

　繰り返しになるが、事業者の勝手な期待ではなく、利用者の視点に立って考えることを忘れないようにしてほしい。

1．包括的同意と個別同意

　包括的な同意とは、例えば第三者提供について記載されたものが含まれるプライバシーポリシーなどの文書について同意を求める方法である。商品の配送やアフターサービスに関してなどの単純なサービスで、利用者に知らせるべきことや、文書量も少ない場合は、個別に同意を求めるよりも、利用者の負担を減らすという観点から包括同意の方が適当と判断できる場合もあるだろう。

　しかしながら近年、利用者に説明すべき内容が増えたことにより、利用規約やサービス約款、その他の利用や取り扱いに関する注意事項の文書など、プライバシーポリシー以外にも文書が様々に増えている。さらに取得する個人に関する情報も増えているので、利用者にとっては、いつ、何が、誰に第三者提供されるのかが分かりにくくなってきている。このような状況からすると、包括的同意で利用者に認識されたと判断することは難しくなってきており、可能な限り個別的にする方がよいと考えられるようになってきている。

　スマートフォンのアプリケーションでは、アプリケーションの実行中に位置情報などの個人情報を取得したり、第三者に提供する場合にポップアップで同意を求めたりする対応も増えつつある。このような逐次的な方法を「ジャスト・イン・タイム」と呼ぶ。最近では最初に情報を取得する際に同意を取得し、次回以降は取得や第三者提供する旨をポップアップなどで説明し、都度の同意取得はしないこととするのが一般的である。個別同意と包括同意の長所をうまくミックスしたものと言えるだろう。

2．明示的同意と暗黙的同意

　明示的な同意とは、言うまでもなく必要事項を明示して同意を取得する方法である。

　一方、暗黙的な同意とは、STEP4-4で、利用目的の通知または公表における例外で触れた「取得の状況から見て利用目的が明らかであると認め

られる場合」が該当する。

　商品の発送では配送会社へ、購入した商品の修理依頼ではメーカーなどへ名前や住所、連絡先などが通知されるといった場合である。

　しかしながら、同項でも言及した通り、明らかであるということは本人次第である。そのため、このような場合でも可能な限り同意を取得しておく方がリスクマネジメント上は好ましい。

STEP 6-5
オプトアウト手続き

- オプトアウト手続きとは、本人の同意を得ずに第三者提供するための仕組みである
- この場合のオプトアウトとは、個人データの第三者への提供を停止することであり、取得の停止ではない
- 手続きは事前にするものであり、途中から第三者提供を始める場合には、周知期間が必要である
- 要配慮個人情報はオプトアウト手続きでの取得は認められない
- オプトアウト手続きにより第三者提供された個人データは、さらに第三者提供するためには本人の同意が必要である

　個人データの第三者提供では、オプトアウト手続きをすることで同意の取得を不要にできる。この場合のオプトアウトとは、本人の求めに応じて第三者提供を停止することである。

　取得を停止しても、もちろん構わない。ただ、あくまでも第三者提供についての手続きであるため、提供を停止することが必須となる。また、本人からのオプトアウトの申し出を受理して以降に有効になるもので、過去

図表6-3　第三者提供におけるオプトアウト手続きの流れ

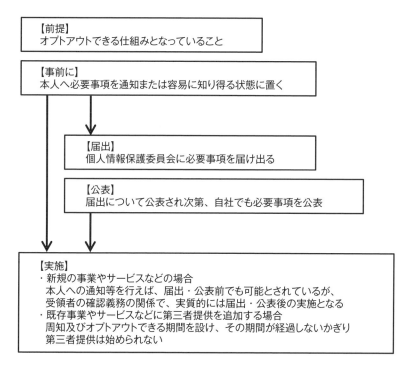

【前提】
オプトアウトできる仕組みとなっていること

【事前に】
本人へ必要事項を通知または容易に知り得る状態に置く

【届出】
個人情報保護委員会に必要事項を届け出る

【公表】
届出について公表され次第、自社でも必要事項を公表

【実施】
・新規の事業やサービスなどの場合
　本人への通知等を行えば、届出・公表前でも可能とされているが、
　受領者の確認義務の関係で、実質的には届出・公表後の実施となる
・既存事業やサービスなどに第三者提供を追加する場合
　周知及びオプトアウトできる期間を設け、その期間が経過しないかぎり
　第三者提供は始められない

に提供されたものまで遡って削除するものではない。

　本来は、個人データが含まれていない匿名加工情報や統計情報では対象外になると考えられる。ただし、利用者は利用目的の説明を受けてオプトアウトするため、一般的な判断では、すべての利用目的に対して利用停止を意思表示していると考えて対応すべきであろう。

　また、提供先において特定の個人を識別できないように加工したとしても、提供元で特定の個人を識別できる場合には個人データの第三者提供となるので、本人の求めがあれば提供を停止しなければならない。

　具体的なオプトアウト手続きの方法は、以下の通りである。

①実際にオプトアウトができる仕組みになっている。

②あらかじめ以下の事項について本人に通知し、または本人が容易に知り得る状態に置いている。

　　１）第三者への提供を利用目的としていること（利用目的を通知または公表する際に第三者提供が記載されていること）

　　２）第三者に提供される個人データの項目

　　３）第三者への提供の方法

　　４）オプトアウトできること

　　５）オプトアウトを受け付ける方法

③②については事前に個人情報保護委員会に届け出る。

④届け出が受理され、個人情報保護委員会が公表し次第、届け出者も公表する。

　委員会への届け出は、指定された書式以外に、オンラインでもできる。代理人による届け出も委任状を提出することで可能である。外国の事業者は直接届け出することはできず、必ず日本国内に住所がある事業者や弁護士、団体などを代理人として指定しなければならないので注意が必要だ。

　届け出は、本人への通知または容易に知り得る状態に置く前や同時でなくてもよいとされている。しかし、第三者提供を受ける側の確認義務として、オプトアウト手続きによるものについては、個人情報保護委員会に届け出られているか（公表されているか）を確認しなければならないとされている。従って、個人情報保護委員会での公表がなければ第三者提供は始められないため、その事業やサービスを新たに始めると同時に第三者提供する場合には、事前に届け出をする必要がある。

　既に運用している事業やサービスの場合は、利用者に対して第三者提供することを認知してもらうと同時に、オプトアウトできる期間を設けるこ

とが求められている。どの程度の期間が適当であるかは、利用者の事業や
サービスへの接触頻度などに左右される。一概には決められないが、利用
者の大多数にとって新たに第三者提供が行われることを知る機会を得られ
たと考えられるまでは、第三者提供をすることはできない。

　また、認知してもらう方法についても注意が必要だ。プライバシーポリ
シーの改訂だけでは不十分で、DM（ダイレクト・メール）やメールでの
通知、ホームページやアプリケーションのトップページの目立つ場所で、
お知らせ表示などのように積極的に知らせようとする努力が求められる。

　繰り返しになるが、要配慮個人情報はオプトアウト手続きによる第三者
への提供は認められておらず、本人の同意が必要だ。

　また、2022年施行の改正ではオプトアウト手続きによる第三者提供で取
得した個人データは、本人の同意がなければさらに第三者提供することは
できなくなった。これは、オプトアウト手続きの繰り返しによる事業者間
での転々流通により、本人が自らの情報の所在が分からなくなることを
防ぐという狙いがある。

　現在、オプトアウト手続きで個人データを第三者提供している事業者で、
他社からの個人データの提供を受けている場合には、提供元の事業者が本
人同意を得て提供しているものか、オプトアウト手続きによるものかを確
認する必要がある。後者の場合、オプトアウト手続きは使えず、本人の同
意が必要なので注意してほしい。

STEP 6-6
業務委託、事業の承継、共同利用

> ・いずれの場合も、個人データの安全管理措置の責任を1社で持つことが原則である
> ・実態が第三者提供や共同利用であるにも関わらず、同意取得を回避するために業務委託とすることは認められていない
> ・ビジネスの委託関係と個人情報の委託関係が一致しない場合、共同利用の事業者間で同時に委託関係がある場合など複雑な関係となる際には専門家に相談すること

1．業務委託

　個人情報保護法が想定している業務委託とは、実際に個人データを管理運用する個人情報取扱事業者が、個人データの一部または全部を他の事業者に業務委託するものである。個人データが含まれない業務を委託する場合は対象外である。

　基本的な考え方は、委託元がすべての責任を負うことで、委託先と一体と見なして、委託関係者間では個人データの第三者提供とは見なさないというものである。そのため、委託元が監督責任を持ち、委託先はその管理下に置かれることになる。従って、委託先は委託元との間で取り決められた個人データの取り扱い以外のことはできない。契約などで委託業務として定められない限り、勝手に統計情報や匿名加工情報などを作成したり流通させたりすることはできない。

　委託先が再委託をする場合にも、順次、監督責任が発生する。最終的に全体としての責任を負うのは最初の委託元、つまり、実際に個人データを管理運用する者である。例えば、再委託先の派遣人員が個人データを漏洩させた場合にも、漏洩した個人データの本人に対する責任は、最初の委託

元にあることになる。

委託先の管理については、STEP12-5で説明する。

また、委託先については事業者名、委託業務内容、委託元がどのような管理をしているかについて公表することが望まれている。

２．事業の承継

事業の承継とは、吸収や合併、分社化、事業譲渡などが主なもので、個人データは他の事業者に移ることになるが、承継先は第三者とは見なされない。そのため個人データの取り扱いは、承継される前の事業者がしていた業務の範囲内であれば、そのまま本人の同意取得を得ることなく取り扱うことができる。

承継後の事業者が異なる利用目的で個人データを取り扱いたい場合には、当然のことながら利用目的の変更をしなければならない。

事業の承継に伴う調査などでは、承継先に個人データを提供する場合は調査以外の目的を禁止する。さらに、漏洩があった場合や交渉が不調に終わった場合に備えて、承継先事業者に安全管理措置を順守させるための契約を締結しなければならない。

３．共同利用

共同利用とは、特定の事業者の間で個人データを利用するもので、本人から見た場合に最初に個人情報を提供した事業者と一体と見なされることから、第三者提供とは見なさないとするものである。

共同利用する場合には、以下の①から⑤をあらかじめ本人に通知または本人が容易に知り得る状態に置かなければならない。

①共同利用するということ。
②共同して利用される個人データの項目。
③共同して利用する者の範囲。

利用者が将来も含めて誰に利用されるかを判断できるものであれば、事業者を個別列挙する必要はない。ただし、想定できる範囲を越えて新たに事業者が共同利用に参入する場合には、改めて共同利用の手続きをする必要がある。個別列挙しなくとも想定できる範囲に明確な規定はないが、一般的に考えて、同一の名称が含まれる子会社や連結決算対象などの一定の資本や経営関係のある事業者、フランチャイズなどで同一の名称を使用している事業者、キャンペーンで参加事業者が明確な場合などが該当すると考えられている。子会社であっても全く異なる名称である場合には、利用者から見て同一の系列とは想定できないので、個別列挙する方が望ましい。

④利用する者（共同利用者）の利用目的。

⑤当該個人データの管理について責任を有する者の氏名または名称。

すべての共同利用者の中から一社、第一次的に利用者からの苦情や開示請求等に対応し、共同利用をする各社の安全管理措置を統括する者を決める必要がある。

4．注意事項

業務委託、事業の承継、共同利用のいずれにおいても、重要となるのが安全管理措置であり、1社が責任を持って行うことが基本となる。共同利用では、責任者が複数となるとことも認められてはいるが、その場合は責任についても共同で負うことになる。

また、実態は第三者提供や共同利用であるにもかかわらず、同意取得の手続きを回避するために、契約上は業務委託とすることは許されない。

業務委託と共同利用については、ビジネスモデルによっては複雑な関係になることがある。例えば、サービスを提供する事業者がサービスを受ける事業者の従業員や会員の個人情報を取得する際、どちらが主体となるかを考えなければならない。サービス提供者が個人情報の取得をサービス受領者に委託する場合、サービス受領者が個人情報の取得や管理運用の主体

となり、サービス提供者にサービスの提供を委託する場合や、両者で共同利用とする場合、それぞれで個人データの取り扱いの責任が変わる。同時に、各事業者の個人データを利用できる範囲も変わってくる。

　ビジネス上の委託関係と個人データの委託関係が一致しない場合や、共同利用でありながら委託関係も同時に存在する場合は、個人データの取り扱いに関して責任を持つことになるのは原則として1社だけであるということを前提に整理するようにしなければならない。複雑な関係となる場合は、必ず弁護士や有識者、認定個人情報保護団体などに相談するようにしてほしい。

図表6-4　委託・共同利用による個人情報取り扱いの違い

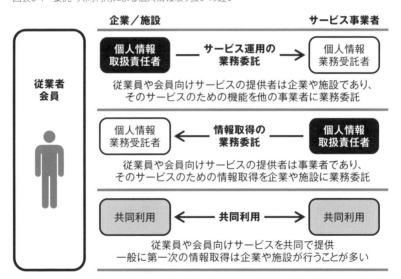

個人情報取扱責任者：個人データの第三者提供、匿名加工情報の作成が可能
個人情報業務受託者：取扱責任者からの委託範囲でのみ個人情報の取り扱いが可能
共同利用：第一次取得の際の利用目的の範囲内での利用に限られる

STEP6-7
対策

> ・実態が第三者提供であるにも関わらず、委託や共同利用としている
> のは違法である
> ・実態に即した同意取得、利用者への説明、事業者間の契約、管理体
> 制を確認する
> ・第三者提供には記録・確認義務が義務付けられている
> ・提供を受けた側にも一定の義務があるので確認する

　第三者提供、委託、事業の承継、共同利用に関しては、まず、実態を正確に反映させているかを確認することから始まる。実態通りであれば、次に同意取得や利用者への説明が適正に行われているかの確認、契約内容や管理体制の確認、最後に第三者提供における確認・記録義務への対応となる。

　特に気を付けなければならないのが、本来は第三者提供であるところを委託や共同利用としている場合である。第三者提供は同意取得が原則であるのに、これをしていないということは違法になるので、既存のサービスなどではただちに第三者提供を中止しなければならない。

　問題はその後にあるが、利用者への影響の大きさによって対応は変わってくるので、単純に同意を取るようにするという対策だけでは不十分であり、弁護士などに相談する必要があるだろう。

　共同利用となるところを委託としている場合も、利用者への通知または知り得る状態に置くという対応ができていないことになるので、ただちに改善しなければならない。共同利用の場合は同意の取得は求められていないが、利用目的の変更に当たる可能性が高い。また、利用者への説明も正しくなかったことになるため、個人情報の適正な取得にも反する可能性が

図表6-5　対策の手順

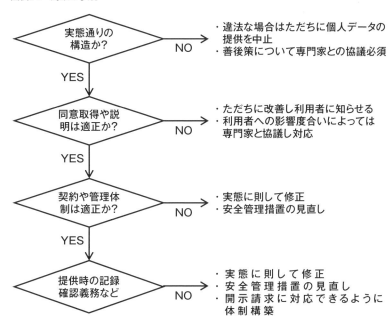

ある。やはり、弁護士などの専門家に相談すべきであろう。

　実態通りの場合は、同意取得や利用者への説明が正しく十分に行われているかを確認する。何らかの問題や懸念がある場合には、改善しなければならない。ここでの問題は、改善内容を利用者にどう伝えるかにある。プライバシーポリシーや利用規約などの文章の修正だけで済むような場合は、修正したことをホームページなどで知らせるだけでよいと考えられる場合もあるが、利用者への影響度合いによっては、しっかりと通知する方がよい場合もあるだろう。これも状況に合わせて、専門家などに助言を求めることになろう。

　次に提供先、委託先、事業の承継先、共同利用先との契約内容や管理体

制の確認が必要だ。

　実態に合わせる必要があるのは当然として、昨今の漏洩事案の増加を考えると、リスクマネジメントを見直す機会とすることをお勧めする。契約における適正な個人データの取り扱いについての条項や責任についての条項などを見直し、STEP12 に詳述する安全管理措置を参考にして、不安要素を払拭してほしい。

　第三者提供の場合は、確認・記録義務への対応も忘れないようにしてほしい。こちらは次の STEP で詳説する。

　第三者提供では提供する側だけでなく、提供を受ける側にも義務があるので確認しなければならない。個人情報の取得に当たるので個人情報取扱事業者としての義務がかかるのは当然であるが、第三者提供を受ける際の記録・確認義務がある。また 2022 年施行の改正では、新たに第三者提供を受けた際の記録の開示請求が利用者に認められた。これに対応できるように社内体制を整えておきたい。

コラム②

プラットフォームとクッキー規制 ━━━━━━━━

　インターネットの Web ブラウザーで最大のシェアを誇る米グーグル（Google）が Web ブラウザーの「Chrome（クローム）」で、「サードパーティー（第三者）クッキー（3rd party cookie）」の利用停止を計画している。米アップル（Apple）の「Safari（サファリ）」をはじめとするその他の主要なブラウザーはすでに制限をかけている。グーグルが追随すると事実上サードパーティークッキーは終焉することになる。

　cookie は、ホームページの閲覧者に対して発行される識別子である。このうち閲覧対象の事業者以外の第三者（3rd party）が発行するものがサードパーティークッキーと呼ばれる。広告関連事業者が Web ブラウザーの閲覧履歴などを収集し、履歴に応じた広告を表示する「ターゲティング広告」のためのプロファイリング（閲覧者の特徴を推察すること）に利用するのも、この cookie である。

　Apple や Google といったプラットフォーム事業者がこのような判断に至った背景には、欧米を中心としたプライバシー保護政策の強化がある。特に欧州では cookie も個人情報と定義しており、取得には本人の同意が必要となっている。

　米国でも、取得や利用にあたって説明の必要性や本人による利用停止などの権利を認めることがカリフォルニアをはじめとする州法で定められ、連邦法でも議論されている。さらにプラットフォーム事業者の責任として、プラットフォームを利用する事業者を管理することも求められており、結果として大がかりな訴訟の危機に直面していることから対応が急激に進むこととなった。

　一方で、特に Google は事業利益の大半を広告事業に頼っており、サードパーティークッキーの利用停止は自社にとっても大きな打撃となる。

そのため、サンドボックスプロジェクト（Sandbox Project）と呼ばれる代替方法を策定するコミュニティーを推進している。様々な手法が提案されているが、代表的なものとして「FLoC（Federated Learning of Cohorts）」がある。これはプロファイリングを端末の中で行い、数千人単位のグループIDを付与することで、個人を識別しなくてもターゲティングが可能となるように検討している。ただし、他の方法で個人識別されたものとこのIDとが照合された場合には、より詳細な個人のプロファイリングが行われるおそれがあり、批判や疑問が少なくない。

　パブリッシャーと呼ばれるWebサイト運営者や広告関連事業者も代替方法を模索しており、閲覧対象となる事業者が同意を得て集めたメールアドレスや電話番号を識別子とする「Unified ID 2.0」が大きな注目を集めている。それ以外にも閲覧ページの内容をAI（人工知能）で分析して閲覧者の興味を推知する「コンテクスチュアル広告」など、様々な手法の開発が進んでいる。

　しかし、いずれにおいても最大の集客を誇るGoogleなどのプラットフォームが有利になるのではないかとの危惧が持たれている。英国では情報集中による独占禁止の観点から調査が入り、現在Chromeのcookie規制は延期となっている。プライバシー保護とプラットフォーム事業者の独占禁止の両立についての議論は日本でも始まっているが、今後の見通しは立っていない。

STEP7

第三者提供の記録・確認

STEP 7-1
第三者提供する場合の記録・確認義務の概要

> ・適用除外、記録の方法が多数あり、提供側には罰則規定もある
> ・外国の事業者に提供する場合は、規律が異なる
> ・提供側、受領側とも本人からの開示請求に対応しなければならない

　個人データを第三者提供する場合には記録を残すことが義務付けられている。最大の目的は、いわゆる名簿業者による違法な個人情報の売買を防止するために、トレーサビリティーといわれる情報の流通経路を可視化することにある。

　この義務化により、何が第三者提供に該当し、どのような記録を残し、それをいつまで保存するのかということも明確にされた。個人情報保護委員会規則とガイドラインで示されているが、実際のところは非常に分かりにくいのが正直なところであろう。

　まず、第三者提供における記録や確認の義務が課されないものとは、どのようなものであるかを確認する必要がある。法令で明文化されているものは問題ないが、解釈上、適用除外とされているものがある。また受領者側のみ義務が課されないこととなる「個人データ」に該当しない、または「個人データの提供を受ける」に該当しないとされている場合がある。

　次いで、提供を受ける場合には、提供者が誰であるか、提供を受ける個人データが適正に取得されたものかを確認しなければならない。

　そのうえで、記録する場合にも、本来定められている方法ではなく代替的な方法や簡易的な記録でよい場合、逐次ではなく一括して記録してよい場合がある。

　また、提供先が外国の事業者の場合は、上記とは異なる規律となるので

注意が必要となる。以上のように、かなり細かく複雑な規定があるので、チェックシートなどを使って丁寧に対応する必要がある。特に提供する側は、受領者側からの確認に際して必要な事項を偽った場合には、10万円以下の過料となる。

　2022年施行の改正では、提供する側、受ける側とも本人から第三者提供に関する開示を求められた場合には、これに対応しなければならなくなった。この点を勘案して、すみやかに対応できるように体制や内部規定を整えておくことも必要である。

STEP7-2
記録・確認の必要がない場合

・過度な規制とならないように、明文化されたもの以外にも解釈上、義務がかからない場合が多数ある

・受領者にとって、提供を受けたものが「個人データ」「個人情報」に該当しない、あるいは「個人データの提供を受ける」に該当しない場合があり、この場合は受領者に確認・記録の義務は課されない

　記録の義務は、そもそもは違法な名簿業者対策として規定されたものであるため、本来、規制する必要性に乏しいものにまで過度な負担がかからないように配慮されている。

　以下は、個人情報保護委員会のガイドラインの図表に則して、整理している。

図表7-1　記録・確認義務の例外

		提供者の 記録義務	受領者の 確認・記録義務
1	明文上、適用除外	×	×
2	解釈上、適用除外	×	×
※	提供者にとって「個人データ」に該当しない	×	×
3	受領者にとって「個人データ」「個人情報」に該当しない	○	×
4	受領者にとって「個人データの提供を受ける」に該当しない	○	×

※個人データベースなどを構成する前の個人情報。

1．明文上、適用除外されているもの

①個人データが転々流通することが想定されにくいもの

　第三者提供の際の同意取得の例外で示されている、法令に基づく場合、人命や財産に関わる場合、公衆衛生や児童福祉に関する場合、公共機関の法令に基づく事務の遂行の場合が該当する。

②第三者に該当しないものとしたもの

　同じく、同意取得の例外で示されている業務を委託する場合、合併などで事業を承継する場合、共同利用する場合が該当する。

　ただし、これは国内の場合であって、外国の事業者への委託、事業承継、共同利用は、基本的に同意取得が必要であると同時に、記録義務も課される。詳細はSTEP9を見てほしい。

③個人情報保護法にて例外とされたもの

　国の機関、地方公共団体、独立行政法人、地方独立行政法人など

2．解釈上、適用除外されているもの

①本人による提供

　SNSやブログなどで本人が入力した個人データを取得する場合は、SNSやブログの事業者を通じて取得、つまり提供を受けることになる。しかし

ながら、本人が不特定多数の者に対して公開している場合には、本人が不特定多数の第三者に対して提供していると考えられる。そのため、SNSやブログの事業者にも個人データの提供を受ける事業者にも記録・確認の義務は発生しない。

　ただし、本人が公開先を特定の者に設定している場合は、これに従う必要がある。SNSやブログの事業者は第三者提供についての本人同意を取得しなければならず、そのうえでSNSやブログの事業者にも個人データの提供を受ける事業者にも記録・確認の義務が発生する。この場合には後述する簡易な記録でよいとされている。

　一方、SNSやブログから個人データを取得した事業者は、取得した時点で個人情報取扱事業者となるため、利用目的の通知または公表だけでなく、さらに第三者提供する場合には、同意取得の原則（オプトアウト手続きは可能）や記録・確認義務が発生する。

②本人に代わって提供

　本人が個人情報取扱事業者に第三者への個人情報の提供を委託したものと考えられる場合が該当する。販売事業者の対応窓口が、メーカーなどに問い合わせや修理依頼をする場合や、銀行から銀行への振り込みなどが典型である。ガイドラインでは8つの事例が掲載されており、今後、個人情報保護委員会のQ&Aや認定個人情報保護団体、業界団体からも事例が公開されると思われるので参考にしてほしい。

　考え方としては、修理や銀行のサービス利用者自身が、本人の個人情報が第三者に提供されることを当然と思うかどうかである。事業者の理屈ではなく、社会通念上、一般的であるかどうかである。

　注意してほしいのは、これは第三者提供に関する記録・確認が必要であるかどうかの判断のためのものであって、個人情報の取得における利用目的の通知または公表についてまで不要とするものではないということだ。ただし、第三者提供の同意取得については、委託と考えられるので同意取

得の例外に該当する。

③本人と一体と考えられる者への提供

　家族や代理人などが該当するが、常にそうであるとは限らない。本人に情報を提供するのと同じであるかどうか、またそのことを本人が許容しているかどうかで考えることになる。

　家族に知らせたくないこともあるなど判断が難しいので、リスク対策上は、可能な限り本人に確認を取るようにする方がよいだろう。一方、代理人については、その代理人が正当な代理人であるかの確認は必須と考えるべきであろう。

④公開情報

　報道機関などやホームページなどで公開されているものが該当する。考え方としては、「本来であれば受領者も自ら取得できる情報であり、それをあえて（報道機関などの）提供者から受領者に提供する行為は、受領者による取得行為を提供者が代行しているものである」として、受領者の確認・記録義務を適用除外としている。

　ただし、公開も第三者提供と同じ行為であることから、最初に公開する者には、取得における利用目的の通知または公表や記録の義務は課されているので注意が必要だ。公開が報道機関など、法律の各号に掲げられている者が、各号の目的のために行われた場合には、これらの義務はかからない。

3．受領者にとって「個人データ」に該当しないまたは「個人データの提供を受ける」に該当しない

　受領者側の確認・記録義務について適用除外を定めたものであり、提供者側の記録義務を除外するものではないので気を付けてほしい。

①個人データに該当しない場合

　個人情報データベースから一人だけの情報を提供する場合が該当する。提供者にとっては本来個人データであるが、一人だけの場合は受領者にとっては個人データではないとするものである。ただし、確認・記録義務を回避するために、一人ずつの情報にして提供する行為は法の潜脱であり許されていない。

　また、受領した際には個人データではなくとも、これを集めて個人情報データベースを作成した場合には、その時点で個人データとなり、個人情報取扱事業者であれば、取得における通知または公表の義務をはじめ、個人情報取扱事業者としての義務が発生する。ただし、過去に遡っての確認・記録義務は発生しない。

　個人情報データベースにする前（検索できるように整理する前）に、一人だけの情報を提供する場合は、提供者側でも個人データには該当しないので、提供者、受領者ともに義務は発生しない。例えば、整理する前の名刺のコピーを提供するような場合である。

②個人情報に該当しない場合
　提供者が加工するなどして、個人データではないものとした場合である。受領者側で特定の個人を識別できないものであれば、個人情報にも該当せず、確認・記録の義務は課されない。これは後述する記録すべき内容を知ることができないので、例外というより、そもそも記録を作成できないものである。

　ただし、第三者提供の提供元基準に基づき、提供者側で特定の個人を識別できるものであれば、匿名加工情報にしない限り、提供者側には第三者提供についての同意取得と記録義務はかかるので忘れないでほしい。

③個人データの提供を受ける行為に該当しない場合
　本人確認のために免許証やパスポートを見たり、SNSやブログでプロフィールを閲覧したりするなどの行為は、記録しない限り個人情報の提供

を受ける行為にはあたらない。また、一方的に口頭やFAX、メール、電話などで提供される場合も、録音したり書きとめたりしない限り提供を受けたことにはならない。

STEP 7-3
提供を受ける場合の確認

> ・受領者は、提供者が適正に個人データを取得しているかを確認しなければならない
> ・ガイドラインでは、提供者が個人情報保護法を順守しているかを確認することが望ましいと追記されている

1. 提供者の確認

　提供者の氏名または名称と住所、提供者が法人の場合は代表者の氏名を確認しなければならない。

　その場合の方法についてガイドラインでは、口頭でも書類でも構わないので提供者が申告する方法、受領者が提供者の登記事項、法人番号、ホームページや会社案内、信頼のおける民間の企業データベース、有価証券報告書などから必要事項を確認する方法などが列挙されている。

　提供者からの申告を受ける場合、申告者には内容を偽ると10万円の過料という罰則があるので、さらに真偽を確認するまでの必要はないだろう。

　それ以外で列挙されているものは、一般的に取引開始の際に行う信用調査に準じるものと考えてよいだろう。例えば、オンラインで個人データの提供を含むサービスの契約を完結させる場合や、提供元が外国の企業などの場合は申告を受けられない場合があるので、その代替となるものである。

２．第三者による個人データの取得の経緯

　提供を受ける個人データが、適正な方法で取得されたものであることを確認するということである。2022年施行の改正では、不正取得された個人データは第三者提供できないことが追加されたが、もともとの趣旨を明確にしただけである。当然のことながら、適正であることを確認できなければ、提供を受けてはいけない。適正でないことが疑われる場合も同じである。

　端的にいえば、「誰から、個人情報保護法のどの規定に則って取得したかを証明できるもので確認する」ことである。明文化はされていないが、個人情報保護委員会や認定個人情報保護団体などから聴取されるような場合のことを考えると、何をもって確認したかを証明できるように記録しておくことも必要になるだろう。

　本人から取得している場合には、取得の際の利用目的の通知または公表や明示、第三者提供の同意取得に関する事項が適正に行われているかを確認することになる。本人と取得者間の契約書や利用規約の記載内容、ホームページ上の同意取得の仕組みやプライバシーポリシーの記載内容などから判断し、それらが利用者に認知されるものであるかを確認すればいいだろう。また、これらの写しや画面キャプチャーなどを保存しておけば万全である。

　提供先からオプトアウト手続きで第三者提供される場合は、オプトアウト手続きが適正に行われているかを確認しなければならない。この場合、提供元は個人情報保護委員会に届け出て公表されていなければならないので、こちらを確認することも忘れないようにする。

　2022年施行の改正では、オプトアウト手続きで第三者提供された個人データは、さらに第三者に提供することは禁じられたので、提供元がオプトアウト手続きで取得していないかどうかを確認することも必要だ。

　提供者が別の個人情報取扱事業者から取得している場合には、その際の取り引きについての契約書や上記の確認における記録などを元に判断すれ

ばよいだろう。その際に提供元の事業者が適正に個人データの第三者提供を受けているのかを確認し、適正でない場合やその疑いがある場合には提供を受けないようにすることは言うまでもない。2022年施行の改正で不正取得された個人データの第三者提供を禁じているのも、この観点を強調したものである。

3．法の順守状況

　ガイドラインで追加的に記載されている内容である。提供者が個人情報保護法を順守しているかを確認することが望ましいとされている。前項の内容以外に、開示手続き、問い合わせ・苦情窓口の公表などが例示されているが、これに限らない。調査や監査までする必要はないが、疑わしいと思われる場合には提供を受けないようにすべきである。

STEP 7-4
記録事項

> ・個人データの取得がオプトアウトによるものか、同意を取得してのものかによって記録内容が異なる
> ・受領者は、上記以外に、個人情報取扱事業者以外から提供を受けた場合に記録内容が異なる

　第三者提供の方法が、本人の同意を取得した場合、オプトアウトによる場合、例外的に個人情報取扱事業者以外から受領した場合によって記録の具体的な内容は異なる。

1．共通する記録事項

①誰から誰に第三者提供されたか

　基本的には提供者、受領者が分かるものでいいわけだが、細かく規定されている部分があるので注意が必要だ。

　提供者側の受領者に関する記録では、「当該第三者の氏名または名称その他の当該第三者を特定するに足りる事項」とされており、細かく指定はされていない。一方、受領者側の提供者に関する記録には、「当該第三者の氏名または名称及び住所並びに法人にあっては、その代表者（法人でない団体で代表者または管理人の定めのあるものにあっては、その代表者または管理人）の氏名」と細かく指定されている。

　Web上で公開したり、ファイルなどにしたりして不特定多数が入手できる場合には、提供者はその旨を「誰に」に該当するものとして記録しなければならない。

②誰のどのようなデータか

　具体的には、本人の氏名などと個人データの項目である。

　「誰の」については、氏名とは限らない。提供元のデータに氏名はなくとも、個人識別符号や組み合わせて特定の個人を識別できるものがあって第三者提供する場合には、その個人識別符号や組み合わせて特定の個人を識別できるものが当該本人を特定するに足りるものとなる。また、IDなどを付与している場合には、このIDで本人を特定できるので、これを「誰の」に該当するものとして記録とすることもできる。

　個人データの項目については、実際に提供した、あるいは受領したデータはすべてと考えていいだろう。

　これらの個人データがデータベースとして運用されている場合には、データベースそのものを記録とすることもできる。ただし、保存期間があるので、消去などの運用には気を付ける必要がある。

図表7-2　記録事項

提供者

	提供年月日	提供先の氏名等	本人の氏名等	個人データの項目	本人の同意		
オプトアウトによる	○	○	○	○			
本人の同意による		○	○	○	○		

受領者

	受領年月日	提供元の氏名	本人の氏名など	個人データの項目	本人の同意	取得の経緯	個人情報保護委員会による公表
オプトアウトによる	○	○	○	○		○	○
本人の同意による		○	○	○	○	○	
私人から		○	○	○		○	

２．本人から同意を取得して第三者提供する場合

　本人の同意を取得して第三者提供する場合には、同意を取得した証拠を記録しなければならない。契約書の当該部分、Webやアプリケーションなどではその記載内容と同意取得の方法などを記録とするが、一般的には当該サービスにおける契約書やプライバシーポリシーそのものが該当するだろう。Webやアプリケーションでは実際に同意を取得する際の仕組みについても画面をキャプチャーして保存しておいた方がよいだろう。アップデートした場合には、その都度追加保存しておくようにしたい。

　過去の事例で、プログラムのアップデート時に一時的に間違った同意取得の画面が表示されたミスがあり、これが発覚した際に対象者の特定を求められるということがあった。丁寧に記録しておかなければ対応できないものであり、システムの改修履歴だけではなく、その前後のプログラムや表示内容なども保存しておくことが求められる。

３．オプトアウトにより第三者提供される場合

①提供及び受領の年月日

　オプトアウトによる第三者提供の場合、同意は取得しないので、本人の同意に関する記録は不要だが、その代わりに提供した、あるいは提供を受けた年月日の記録が必要になる。オンライン上で個人データを提供する場合には、送信ログ、受信ログに年月日が記録されるので、このログをもって記録とすることができる。

②受領者は個人情報保護委員会による公表

　オプトアウトによる第三者提供を実施するためには、STEP6 で説明した通り、個人情報保護委員会へ届け出なければならず、また公表されることとなる。受領者はこれを確認することで、提供元のオプトアウト手続きが適正なものであると判断することになる。

４．受領者のみに課される記録

　受領者は、提供者が個人データを適正に取得し第三者提供しているかを確認しなければならないが、確認したことを証明できるように記録する必要がある。STEP7-3 で詳述しているので参照していただきたい。

５．私人から第三者提供を受ける場合

　この場合の私人とは、個人情報取扱事業者以外の者のことをいう。事業の用に供してはいないが、個人データを持っている者ということになるが、実際にはほとんどないだろう。個人情報取扱事業者ではないので、第三者提供について同意取得は義務付けられておらず、またオプトアウト手続きもできないので、これらの項目を除いて、受領者は記録することになる。

　重要なポイントは取得の経緯についてである。適正に取得していることと同時に記録することで、不正な名簿販売などを阻止する仕組みになっている。

6．第三者提供を受けている事業者からさらに第三者提供を受ける場合

　個人データの第三者提供は本人の同意を得ることが大前提である。従って、この場合は「2．本人から同意を取得して第三者提供する場合」がそのまま適用される。

STEP 7-5
記録の作成方法

> ・原則は、個人データの授受の都度、すみやかに記録を作成しなければならない
> ・一括して記録、代替手段による記録、記録事項の省略ができる場合があるが、オプトアウト手続きにより取得された個人データの第三者提供では認められない
> ・記録の形式は法律で定められていない。法律が要求する事項がどこにあるかを整理して一覧化する方法でも構わない

　記録の作成の原則は、個人データの授受の都度、すみやかに、もしくは個人データを授受する前に、である。また、本人別に記録を単体で作成してもよいし、複数の本人の記録を一体として作成してもよい。

　また、都度ではなく一括して記録を作成できる場合、一部の事項については新たに記録を作るのではなく代替手段で可能な場合、記録事項を省略できる場合もある。ただし、これらの作成方法は、オプトアウト手続きによる第三者提供では認められない。

1．一括して記録を作成

　一定の期間内に特定の事業者との間で継続的にまたは反復して個人デー

タを授受する場合には、個々の授受の都度、いちいちすべての記録を作成し直す代わりに、一括して記録を作成してもよいとされている。

　例えば一定期間、毎月あるいは毎週、更新した個人データを授受するような場合には、最初の授受の際に記録したものに更新分だけを追加記録すればよいという意味である。また、例えばリアルタイムに個人データが新たに増えるごとに授受が発生するような場合は、月ごとに記録を一括して作成してもよい。

　継続的もしくは反復して授受されることが確実であると見込まれるときも同様とされている。その場合には授受に関する基本契約にそのことが記載されているといった、何らかの証明が必要となっている。もっとも、反復もしくは継続的な第三者提供では、必ず何らかの契約行為があり、その中で提供方法について書かれているので、実務的に変わるところはないだろう。

　このような契約がある場合には、契約書をもって記録とできるとされている。ただし、これは一括して記録できることを証明するための記録であって、「誰の何のデータか」の記録を不要とするものではないので間違えないでほしい。

２．代替手段による方法

　本人との間で個人データを第三者に提供することを含む契約書や確認書などの書面がある場合には、これを記録の作成代わりにできるというものである。これは複数の書面に分かれていても構わない。

　例えば、物品の販売や役務の提供の際の契約行為において、契約条項の中に含まれていれば、この契約書そのものが記録となる。ただし、提供される個人データが何であるかが記載されていなければ記録としては不完全となるので、記録に必要なものが含まれていることを確認して代替可能かを判断する必要がある。

3．記録事項の省略

　一括して記録を作成できる場合と重なる部分もあるが、一度、法律の規律通りに記録を作成して保存した場合は、その後複数回にわたって同一の本人の同一の個人データを授受する場合には、あらためて確認、記録する必要はないとするものである。

　ただし、本人の個人データは同じでも、提供者または受領者の法人の代表者が変わった場合には、その部分については新たに記録し直す必要がある。

4．考え方のまとめ

　第三者提供における確認・記録の義務は、不正な個人情報の流通を防ぐためのものである。そのため、「誰から誰に（提供者と受領者を明らかにする）、誰の何の個人データが（実際に流通する本人と個人データを明らかにする）、適正に（取得や第三者提供の手続きを明らかにする）、授受されているかを証明する（記録する）」ことが必要な事項となる。

　法律では、記録の書式や記入方法は定めていない。上記の必要な事項が明確になっていることを求めているだけである。従って、ガイドラインなどで示されている方法に限らず、漏洩時などに追跡が可能となるように、必要な事項が満たされていれば、一定程度要件を満たしたことになる。現在のオンライン上における個人情報の取得や個人データの第三者提供は、莫大な量でリアルタイムに行われており、帳票形式で記録することは不可

図表7-3　記録の方法

第三者提供の方法	記録の作成方法
本人が関与した契約等に基づく	契約書などの代替手段
反復継続	一括
本人の同意に基づく	簡易な記録事項
上記以外	原則通り

能だ。このような場合には、データベースそのものが記録の一部であり、授受に関する通信ログが年月日や提供者、受領者を特定するものとなる。

　本人との間ではサービス規約やプライバシーポリシーなどでの確認行為などが個人情報の取得や第三者提供の同意取得の証明となる。もちろん、提供者と受領者との間でもオンラインの場合には規約などで必要事項について確認行為をすることになる。

　これらを、記録・確認の法律要件と照らし合わせて、必要な事項が充足されているようであれば、記録事項となるように整理すればよいだろう。具体的には、各記録事項が、どこにどのように格納されているかを一覧にする、規約やプライバシーポリシーをキャプチャーするなどである。

　記録の作成は、やり方によってかかる労力が大きく異なる。法律で要求されていることをいかに効率的に簡単に充足させるかは、各事業者の知恵の絞りどころである。ただし、必要事項が分散している場合には、記録の保存期間に注意して管理する必要があるので注意してほしい。

STEP7-6
記録の保存期間

> ・基本は3年
> ・提供日時が異なる個人データについて、一体として記録している場合には、保存期間が異なる状態になっているので注意が必要
> ・サーバー上のデータベースを記録とする場合には、消去義務との関係に注意

　記録の保存期間は、提供者、受領者とも最後に個人データを提供した日

から３年が基本である。例外は、契約書やこれに準じる書類を記録の代替手段とした場合で、１年となっている。

　注意が必要なのは、複数の提供日時が異なる個人データについて、一体として記録を作成した場合だ。一括して記録を作成する場合も、たいてい一体として記録することになると考えられるが、この場合には含まれる個人ごとに保存期間が異なる場合がある。保存期間は個人データごとに３年なので、提供時期が異なる個人データが一体となっているときには、注意してほしい。

　特に問題となるのは、サーバー上でデータベースとして管理しているものを記録とする場合だ。記録の義務とは別に、利用の必要がなくなった個人データは遅滞なく消去しなければならないが、ここで消去してしまうと記録が残らないことになってしまう。この場合には、利用の必要がなくなった個人データについては、利用不可などのフラグを立てて利用できないようにして残すといった対策が必要になるだろう。

　ガイドラインでも、消去は完全にデータを廃棄することではなく、利用できないようにすることとされているので、これで問題はない。ただし、保存期間の３年が経過すれば、安全管理措置のためにも廃棄すべきである。データベースの定期メンテナンス時に対応するか、あらかじめプログラムとして組み込んでおくようにすればよいだろう。記録の保存期間に注意して管理する必要があるので注意してほしい。

STEP7-7
記録の開示請求

> ・2022年施行の改正で第三者提供記録について提供側も受領側も開示請求に応じることが義務化された

　これまでは確認と記録だけが義務化されており、個人情報保護委員会や関係当局からの要求や指示が無ければ開示する必要はなかった。そのため、あらかじめ開示を前提とした体制や記録や保存の方法を考えていなかった場合も少なくないと思われる。特に個人データを分散して保存している場合、サーバーのログをデータにひも付けている場合、紙の書類で記録・保存している場合には、開示対応について検討する必要が出てくる場合がある。

　開示についてはSTEP10で詳説する通り、請求に対する回答の期限や方法など一定の制約が課されている。その一方で開示のための書式は規定されていない。開示請求があった場合に慌てることのないように、対応方法について検討し、内部規約などに追加しておくべきだろう。

　ちなみに保存期間を超えたものについては、請求に応じる必要はない。特定の個人を識別できる個人データについては、利用の必要がなくなった場合で、保存期間を超えたものついては消去、廃棄するよう努めることが求められている。従って、そのような情報が含まれた記録の開示は安全管理措置違反になる恐れがあるため、注意が必要だ。

STEP8

匿名加工情報と仮名加工情報

STEP 8-1
匿名加工情報と仮名加工情報の違い

> ・匿名加工情報と仮名加工情報は作る目的、使える条件、復元が可能
>   か否かによって大きく異なる
> ・匿名加工情報は本人の同意を得ずに第三者提供するためのもので、
>   復元は作成元も提供先も不可能としたものである
> ・仮名加工情報は本人の同意を得ずに同一事業者内や共同利用先、委
>   託先において利用目的を変更するためのもので、作成元において復
>   元が可能である

　個人情報の利活用促進のために匿名加工情報と仮名加工情報がある。い
ずれも特定の個人を識別できないようにして利用するものであるが、利用
できる場面が異なる。匿名加工情報の目的は本人の同意を得ることなく第
三者に提供するためである一方で、仮名加工情報の目的は本人の同意を得
ることなく同一事業者内で目的を変更して利用するためである。

　どちらも加工の方法は似ているため混同されたり、誤った取り扱いをさ
れたりすることが危惧される。利活用方法の違いをしっかり理解しておけ
ば間違えることはない。

　最初に個人データの加工がどれに該当するかを確認したうえで、後述す
る詳細に合わせた対応をしてほしい。

1．本人の同意を得ずに第三者に提供したい

　統計情報か匿名加工情報のいずれかになる。

①統計情報は、複数人の情報から共通要素に関わる項目を抽出して同じ
　分類ごとに集計して得られるデータであり、集団の傾向または性質な
　どを数量的に把握するものである。従って、統計情報は、特定の個人

との対応関係が排斥されている限りにおいては、個人情報保護法の対象外であり、本人の同意を得ることなく自由に提供できる。

②匿名加工情報は、提供元となる作成者においても提供先においても特定の個人を識別できないように加工したもので、一定の規律の元に本人の同意を得ることなく自由に提供できる。

２．本人の同意を得ずに利用目的を変更したい

統計情報、匿名加工情報、仮名加工情報のいずれか。

①統計情報は個人情報保護法の対象外であるので自由に利用目的を設定できる。（前項を参照）

②匿名加工情報は、提供先において自由に利用目的を設定できる。

③仮名加工情報は、一定の規律の元で同一事業者内、共同利用先、委託先に限って、利用目的を自由に設定できる。

匿名加工情報、仮名加工情報における一定の規律とは、上記の要求を実現できるようにするために定められたもので、STEP8-2以降で詳述する内容を満たせば、本人の同意を得ずに第三者提供や利用目的の変更ができるようになるということである。

STEP 8-2
匿名加工情報の定義

・提供元（作成元）、提供先のいずれにおいても特定の個人を識別できなくすることで、本人の同意なく第三者提供を可能とする

・規則やガイドラインでは基準や要求事項が定められており、具体的な加工方法や安全管理措置の方法は、認定個人情報保護団体の個人情報

保護指針にて定められたものも参考に事業者が自ら考える必要がある

　匿名加工情報とは、個人に関する情報を加工して第三者に提供する場合に、個人データの第三者提供としての同意取得や確認・記録を不要とするために規定されたものである。

　これまで述べてきた通り、たとえ提供先では特定の個人を識別できない情報になるように加工したとしても、提供元で特定の個人を識別できる場合、第三者への提供のためには本人の同意を得なければならない。しかし、ビッグデータを活用した新たな利用方法の創出を推進していくに当たり、どんな場合でも改めて利用目的を通知し同意を得なければならないということでは、産業の発展を阻害することになりかねない。

　そこで、一定の基準と加工方法により加工された情報を匿名加工情報と定め、また、この情報の取扱者を匿名加工情報取扱事業者とし、復元の禁止や公表、安全管理措置といった一定の規律を課すことによって、プライバシー侵害のリスクを最小化しつつ、自由に取り扱えるようにしたわけである。

　2022年施行の改正では、新たに作成元においても特定の個人を識別できないようにすることが求められることになった。これまで作成元では、元の個人データと匿名加工情報を照合するための対照表などを保有していることが多かったと思われるが、これらを破棄する必要がある。過去の処理を確認して対応すると同時に、今後の作成においては、遅くとも第三者に提供する前に、対照表など匿名加工情報から特定の個人を識別できる情報が破棄されたかどうかを確認する工程を追加する必要がある。

　匿名加工情報の定義を整理すると以下になる。

　個人情報に下記の加工を施すことにより、特定の個人を識別できず、また復元できないようにした個人に関する情報。

①特定の個人を識別できる情報（容易に照合できるものを含む）を削除、または「復元することのできる規則性」が無い方法で置き換えたもの。

②個人識別符号を全部削除、または「復元することができる規則性」が無い方法で置き換えたもの。

　特定の個人を識別できない、復元できないとあるが、これは技術的に絶対できないようにしなければならない、ということではない。一般人や、一般的な事業者の能力や手法では「できない」ことが基準とされている。

　個人情報保護法や委員会規則で定められているのは、匿名加工情報の基準と取り扱い事業者の義務および安全管理措置の要求事項であり、具体的な加工方法や安全管理措置の方法については、ガイドラインや認定個人情報保護団体が個人情報保護指針で定めることになっている。これは、技術革新が速く、また業界によって情報の扱い方が異なるため、法律ではすべてカバーすることが難しいと考えられたためである。そのため、匿名加工情報を取り扱う場合には、個人情報保護委員会のガイドラインやQ&A、リポート、所属する認定個人情報保護団体の最新の情報を入手し、対応を心掛ける必要がある。しかしながら、多様なケースすべてに対応することは困難であることから指針の充実は進んでいない。基準や要求事項を理解して事業者自身が自ら考える必要があるのが実情である。

STEP 8-3
匿名加工情報取扱事業者の義務など

> ・委員会規則で定めた基準に則った作成
> ・加工方法に関する安全管理措置・匿名加工情報の取り扱い、苦情処理に必要な措置とその公表に関しては努力義務
> ・第三者提供の場合は、あらかじめ匿名加工情報に含まれる個人に関する情報の項目を公表
> ・第三者提供の際には、匿名加工情報であることを提供先に明示
> ・匿名加工情報に含まれている個人を特定することを禁止

　匿名加工情報取扱事業者とは、匿名加工情報データベース等を事業に利用している者で、匿名加工情報データベース等とは、匿名加工情報を容易に検索できるように体系的に構成したものである。個人情報取扱事業者の場合と同じく、データベース化していない場合、事業の用に供していない場合は取扱事業者には該当しない。

　匿名加工情報取扱事業者に課せられる義務などは、作成する場合、第三者提供する場合、受け取る場合、作成した者が自ら利用する場合の4パターンがある。

1．作成する場合

　詳細は後述するが、匿名加工情報の作成は個人情報保護委員会規則で定めた基準に則る必要がある。また、ガイドラインや自社が所属する認定個人情報保護団体が作成する個人情報保護指針に定められる加工方法を守る必要がある。

　作成した場合には、加工方法情報などに関して安全管理措置の義務が課される。これは、加工方法や元のデータが漏洩することで匿名加工情報が

復元されることがないように、取扱者や管理者の組織体制や規定などの整備、内部監査、PDCA（計画・実行・評価・改善）、従業員教育、セキュリティーなど、後述する個人情報の安全管理措置と同様のものである。

　匿名加工情報に含まれる個人に関する情報の項目を公表することは義務として課され、詳細は委員会規則に定められている。作成した場合の安全管理措置に関する認定個人情報保護団体の個人情報保護指針については明示されてはいないが、「その他の事項」として保護指針に追加で定められる場合も考えられるので、確認が必要であろう。

　また事業者は、作成された匿名加工情報の安全管理措置、苦情処理などについて必要な措置を講じると同時に、その内容の公表についても、義務ではないが努力が求められている。

２．第三者に提供する場合

　匿名加工情報を第三者に提供するときは、作成した者も、受け取った者がさらに第三者に提供する場合も、第三者提供を始める前に匿名加工情報に含まれる個人に関する情報の項目やその提供方法を公表しなければならない。また、提供先に対して匿名加工情報である旨を明示しなければならない。これらについても委員会規則で詳細が定められているが、ガイドラインや保護指針でも追加的な定めがないかどうかを、確認する必要があるだろう。

　提供先に対する明示については、メールや書面でという追加的な事項があるので見落とさないようにしたい。これは、何らかの形で相手に伝えたということの証拠が必要であると読み替えてもよいだろう。従ってWeb上で公開する場合などは、当該データが匿名加工情報である旨を表示してクリックさせるなど、同意取得の方法で対応するのがよいだろう。

３．第三者提供を受けた場合

　まず識別行為の禁止がある。こちらも注意事項が多いので、詳細につい

ては後述する。

　また、匿名加工情報の取り扱いについての安全管理措置や苦情処理についても、作成した者と同様に、努力義務が課されている。

4. 作成した者が自ら利用する場合

　2022年施行の改正では、同一事業者内での利用については仮名加工情報が創設されたので、匿名加工情報としてさらに第三者に提供する必要がないのであれば、仮名加工情報を活用する方がよいだろう。

　匿名加工情報の場合は当然のことながら、識別行為が禁止されている。この意味は、同一社内で作成する部署と利用する部署が異なるなど、作成者と利用者が明確に分かれており、両者の間で第三者提供と同じ構造が成立すると見なされる場合にのみ適用されると考える必要がある。そうでない場合は、匿名加工情報は利用できず、あくまでも個人情報としての扱いになる。

　第三者提供と構造が同じということは、前述の1〜4が両者に課されることでもあり、作成基準や作成方法、項目の公表、安全管理措置、さらには匿名加工情報であることの明示などは、当然同じ水準で求められる。同じ社内であっても、提供を受ける側は決して元の個人情報にアクセスできてはいけないので、組織的にアクセス権限などを十分検討する必要がある。

STEP 8-4
匿名加工情報の作成基準

- ・作成の基準の前提は、一般人や一般の事業者の能力や手法では個人を特定できない、復元できないことである
- ・2022年施行の改正では、作成者も復元できないようにすることが求められている。

図表8-1　各情報の主な違い

	個人情報	匿名加工情報	仮名加工情報	統計情報
可能な事項	—	①同意不要で第三者提供 ②同意不要で利用目的を変更	同意不要で利用目的を変更	①同意不要で第三者提供 ②同意不要で利用目的を変更
第三者提供	○ 同意必要	○ 同意不要	×	○ 同意不要
再識別	—	禁止	禁止	（不可能）
漏えい等の報告	必要	不要	不要	不要
開示・利用停止等の請求対応	必要	不要	不要	不要

※ 一部制限等もあるので詳細は本文参照のこと

　匿名加工情報は個人情報から作成されるものなので、作成に関する義務などは個人情報取扱事業者に課せられることになる。対象となるのは匿名加工情報データベース等を作成する場合である。例えば、1件だけ作成する場合にはこの規制はかからないものの、作成された情報は匿名加工情報とはならず、本人の同意を取得せずに第三者に提供できないので注意が必要である。

　個人データを匿名化するための技術については、これまで多くの研究や検討がなされている。しかし残念ながら、絶対に復元できないということを保証するのは不可能であると考えられている。前述の通り、委員会のガイドラインでは、基準の前提を「特定の個人を識別すること、復元することが一般人や一般の企業など事業者の能力や手法ではできない」ということとしている。

　とはいえ、技術の進化は速く、高度な情報操作を簡単にできてしまうツールが普及していくであろうし、ストーキングや、高齢者・子供ら社会的弱者を狙った犯罪などの防止に努める必要がある。つまり、技術動向やリスクの可能性を検討したうえで、匿名化の程度を決める必要がある。個人データに社会的弱者の情報が含まれる場合や、待ち伏せのヒントを与えてしま

うような可能性がある場合には、より復元が困難になるような加工を検討すべきである。

　個人情報保護委員会規則の基準で定められているのは必要条件であって、具体的な加工方法は認定個人情報保護団体が作成する個人情報保護指針で定められることになっている。従って、各事業者は所属する業界などの認定個人情報保護団体の指針を参照する必要がある。

　もちろん、指針が公表されるまでの間であっても、あるいは業界によっては指針が作成されない場合もあるので、委員会規則の必要条件に合致していれば違法にはならない。経済産業省からは「匿名加工情報作成マニュアル」が発表されており、こちらも参考にしてほしいが、多様なケースすべてを網羅することは不可能であるため、事業者自らが基準や要求事項などの必要条件を理解して考える必要がある。

　まず、委員会規則の基準、つまり必要条件は、個人情報保護法に定められた①②に以下③〜⑤が追加されたものである。

①特定の個人を識別できる情報（容易に照合できるものを含む）を削除、または「復元することができる規則性」が無い方法で置き換える。

②個人識別符号を全部削除、または「復元することができる規則性」が無い方法で置き換える。

③個人情報にユーザー ID（識別子）などの識別子を付加している場合には、これを削除、または「復元することができる規則性」が無い方法で置き換える。

④特異な記述などを削除、または「復元することができる規則性」が無い方法で置き換える。

⑤その他、匿名加工情報データベースに含まれている情報から元の個人情報が識別されたり、他の情報と容易に照合して特定の個人が識別できたりすることのないようにする。

　よくある誤解は、「復元することができる規則性」がない方法について
である。これはランダムにせよ、ということではない。提供先において「復
元することができる規則性」がない、つまり、分からないようにせよ、と
いう意味である。ガイドラインや経済産業省のマニュアルに例示されてい
る「秘密の文字＋ハッシュ関数」も、規則性のある変換であるものの、
提供先では一般的に考えて、この変換規則を見つけだすことは難しい。こ
のような方法を「復元することができる規則性」がない方法としている。

図表8-2　匿名加工情報の作成基準と加工方法

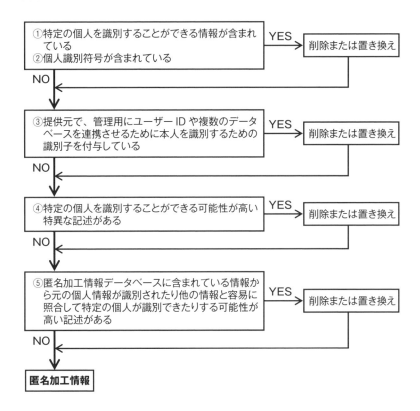

　③も誤解の多いものである。本書では単純化して記載しているが、この場合のユーザー ID というのは、ユーザー自身が知り得るものとは限らず、事業者内部で複数に分割されて保存されている個人データをひも付けるために利用しているものも含まれる。このような ID についても削除するか加工する必要があるという意味であり、匿名加工情報に変換 ID（仮 ID）をつけることを禁止しているわけではない。

　④も分かりにくいが、特異値やはずれ値と言われるもので、年齢が「115歳」であったり「XX 周年記念モデルの某社スーパーカーの購入記録」であったりするような、それだけで特定の個人が容易に分かってしまうものである。

　置き換えとしては、前者の年齢では「100 歳以上」、後者では「スーパーカー購入」といったように、一定以上の対象者がいるようにすればよい。

　そのうえで、なお匿名加工情報に含まれる他の情報と組み合わせたり、収集している情報の範囲が限定的なために特定の個人を識別できたりする可能性がある場合には、⑤の対応が必要になる。代表的なところでは、位置情報と時間の組み合わせで自宅が特定できるような場合がこれに該当する。

STEP 8-5
匿名加工情報の加工方法

・加工方法には様々なものがあるが、加工の結果が匿名加工情報としての必要条件を満たしていれば、どのような加工方法でも構わない
・必ず事例集などを参考にして、注意点やポイントをつかむようにしてほしい

　加工方法については、認定個人情報保護団体の個人情報保護指針で作成されることになっている。従って、業界によっては異なる場合も想定される。多様なケースすべてを網羅することは困難であることから、ほとんど進展していないため、ここで具体的なことは詳述できないが、いくつか参考となる情報を掲載する。

1．個別具体的に要件で判断

　加工手順や加工方法は元の情報がどのようなものかによって変わってくる。また利用目的によって必要とする情報が異なるため、大きく加工しても問題ない情報と、できるだけ加工したくない情報といった違いも出てくる。従って、加工手順や加工方法は画一的なものではなく、個別に検討しなければならないことになる。

　結局、加工方法は十分条件になるわけではなく、加工した結果が匿名加工情報としての必要条件を満たしているかどうかを、個別に判断することになる。つまり、必要条件を満たしていれば、どのような加工方法でもよいわけである。

2．事例を基に検討

　目的とする匿名加工情報を得るための加工の仕方の考え方、どのような加工方法があり、それぞれがどのような場合に有効かを考えるのは簡単なことではない。現在、各省庁や団体などでも事例を基に検討が進められており、参考資料として報告書が公表されているものもある。必ず、これらを参考にしてほしい。事例を基に専門家が検討したものであるため、陥りやすい落とし穴や見逃しがちなポイントなども分かるものとなっている。

3．加工手法の例

　個人情報保護委員会のガイドラインに例示されている手法である。これ以外にも様々な方法があり、組み合わせて使うこともできる。

　k-匿名化といわれる手法についてもよく知られている。「単独では個人
を識別できないが、複数を組み合わせることで個人を高い確率で識別可能
な属性（例えば、性別、年齢、居住地、職業など）について、どの属性値
の組み合わせでも、対象とするデータ中に必ずk件以上存在する状態にす
ること（経済産業省『匿名加工情報作成マニュアル』）」とされている。

　ただし、k-匿名化は誤解も多い。k=1が必ずしも特定の個人を識別で
きるとは限らないからである。例えば、あるチェーン店のデータベースの
中から、たまたま20歳の女性で、あるメーカーの500円の化粧品を買っ
た人が1人しかいなかったとしても、それだけで特定の個人を識別できる
とは考えられない。

　いずれの加工手法においても、どの程度にすれば必要条件を満たすこと

図表8-3　加工方法の例

手法名	解　説
項目削除／レコード削除／セル削除	加工対象となる個人情報データベース等に含まれる個人情報の記述等を削除するもの。 例えば、年齢のデータを全ての個人情報から削除すること（項目削除）、特定の個人の情報を全て削除すること（レコード削除）、又は特定の個人の年齢のデータを削除すること（セル削除）。
一般化	加工対象となる情報に含まれる記述等について、上位概念若しくは数値に置き換えること又は数値を四捨五入などして丸めることとするもの。 例えば、購買履歴のデータで「きゅうり」を「野菜」に置き換えること。
トップ（ボトム）コーディング	加工対象となる個人情報データベース等に含まれる数値に対して、特に大きい又は小さい数値をまとめることとするもの。 例えば、年齢に関するデータで、80歳以上の数値データを「80歳以上」というデータにまとめること。
ミクロアグリゲーション	加工対象となる個人情報データベース等を構成する個人情報をグループ化した後、グループの代表的な記述等に置き換えることとするもの。
データ交換（スワップ）	加工対象となる個人情報データベース等を構成する個人情報相互に含まれる記述等を（確率的に）入れ替えることとするもの。
ノイズ（誤差）の付加	一定の分布に従った乱数的な数値を付加することにより、他の任意の数値へと置き換えることとするもの。
疑似データ生成	人工的な合成データを作成し、これを加工対象となる個人情報データベース等に含ませることとするもの。

出所：個人情報の保護に関する法律についてのガイドライン（匿名加工情報編）

になるのかは、ケース・バイ・ケースで考えざるを得ない。そのため、加工後には必ず検証が必要だ。

STEP 8-6
匿名加工における特定と識別

・「特定の」個人を識別しない識別は禁止されていない
・識別可能な情報にひも付く可能性のある情報については慎重な検討が必要である
・提供先を契約で規制することは可能である

　法律で定義されている匿名加工情報は、特定の個人を識別できないというものであり、わざわざ「特定の」という表現となっている。つまり、誰かは分からないが、他の人とは識別できるというものまで削除あるいは他の記述に替えなければならないとは言っていない。

　例えば、クッキー（cookie）をはじめ、何らかの識別子が含まれていても、特定の個人を識別できなければ認められるということである。ただし、これらの識別子には様々な種類があり、それぞれに特性が異なるうえに利用方法も多種多様である。そのためガイドラインに記されている通り、個別具体的に判断する必要がある。あくまでも一律に識別子が禁止されているわけではないというだけである。

　例えば、端末識別子（MACアドレス、端末IDなど）のように誰もが読み取ることができ、本人による変更が不可能あるいは困難な識別子は、どこかの事業者が個人情報とひも付けている可能性がある。その場合には、この識別子が含まれている匿名加工情報は簡単に復元される可能性が高いことになる。従って、識別子を含めたい場合には、その識別子を基に特定

の個人を識別できるか否かについて、慎重に検討しなければならない。

　一方で、識別された個人について、ひも付く情報から類推して個人を特定できてしまうのではないかといった問題がある。これを「推知」というが、推知された情報は正確性に欠けることもあり、禁止されてはいない。

　とはいえ、一つの識別子に対して非常に多くの情報がひも付いている場合や希少な情報が含まれている場合などでは、他の情報との照合などにより推知の正確性が高まることになる。従って、識別可能な情報が含まれた匿名加工情報の場合は、識別子にひも付く可能性のある情報について慎重かつ十分に検討し、一般人や一般的な事業者の能力や手法では、特定の個人を識別できないようにしなければならない。

　前述した通り、匿名加工情報取扱事業者は復元を禁止されているので、あまり厳しく考えなくてもよいのではないかと思われるかもしれない。しかし、匿名加工情報は本人の同意が不要であることから、転々流通するだけでなく事業者以外が入手することもあるため、リスク管理の視点からも安易に考えてはいけない。

　ただし、あまりに安全志向で作成されたものは、利活用の幅が狭まることになる。こういった相反する要求を満たすためには、契約で縛る方法も考えられる。匿名加工情報は一定の規律を守っていれば、特に契約も必要とせず自由に流通させることが可能である。その一方で、企業など事業者の間で、他の事業者への再配布を禁止するような契約を結ぶこともできる。

　一見、矛盾する考え方のようだが、法令を順守しない悪意ある者は「一般人や一般の事業者」ではないと考えられるため、このような者に情報が渡らないようにすることも、安全管理措置の重要なポイントである。

STEP 8-7
識別行為の禁止

・匿名加工情報の中に含まれている本人を識別できない（本人を特定
　できない）範囲での照合は禁止されていない
・匿名加工情報の作成者も作成した匿名加工情報を復元できないよう
　にする必要がある

　匿名加工情報を作成した個人情報取扱事業者と、匿名加工情報を取り扱う匿名加工情報取扱事業者とを分けて、それぞれ「当該匿名加工情報の作成に用いられた個人情報に関わる本人を識別するため（目的）」の行為（識別行為）を禁止している。

　識別行為とは、他の情報と照合することであり、匿名加工情報取扱事業者に対しては元の削除された情報や加工方法を取得することも追加して禁止されている。

　この規定も誤解が多く、また「再識別禁止」「復元の禁止」などのように用語も混乱している。

　一つめの誤解は、他の情報との照合についてである。照合そのものが禁止されているわけではない。あくまでも、当該匿名加工情報の作成に用いられた個人情報に関わる本人を識別することを目的とする場合が禁止されているのである。従って、元の本人を識別できない限り、匿名加工情報同士の照合や特定の個人を識別することができない情報との照合は可能だ。

　一方、特定の個人を識別できる情報（個人情報）との照合は、いかなる場合でも禁止になる。この場合の照合行為には、匿名加工情報から元の本人を識別する行為が含まれることになるからである。

　ところで、照合した結果の情報の扱いはどうなるのか。統計情報となったものについては、もはや完全に特定の個人とのひも付きがなくなるため、

図表8-4　匿名加工情報取扱事業者の義務など

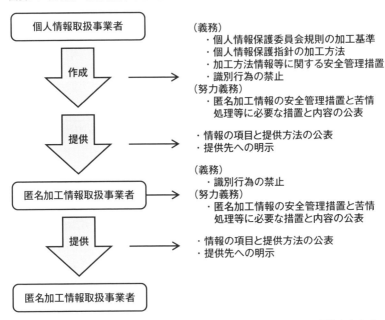

注意：匿名加工情報の作成者は匿名加工情報取扱事業者としての規律もかかる

法律の範囲外となる。

　それ以外のものについては、匿名加工情報の規律が引き継がれる。元の匿名加工情報とは異なるものではあるが、この情報の中には元の匿名加工情報が含まれているからである。元の匿名加工情報から不要な情報が削除されたものについては、一般的に考えて特定の個人を識別できる可能性は低くなるので、特に留意すべき点は無いと考えられる。しかし、照合により新たに情報が加えられたものついては、慎重さが求められる。

　匿名加工情報の規律が引き継がれることを前提として考えた場合、照合による新たな情報も「特定の個人を識別することができない」「復元することができない」ものでなければならない。

　そもそも照合は識別行為の禁止の元で行わなければならないので、新た
にできたものも匿名加工情報と同じ性質のはずである。新たな匿名加工情
報の作成であると考えると、規律に従って作成し、作成者としての様々な
義務や努力義務を守らなければならないと考えられる。ただし、個人情報
あるいは個人データが含まれるものから作成されるわけではないので、実
質的には新たに増えた項目および変更があった項目を公表すること以外に
はないはずである。

　法律は、匿名加工情報の作成について個人情報取扱事業者が個人情報か
ら作成することを想定しており、匿名加工情報からさらに別の情報が作成
されることについては、統計情報を除いて具体的に言及していない。今後、
個人情報保護委員会や認定個人情報保護団体から、何らかの言及がある可
能性はあるので、注意してほしい。

　二つめの誤解は、提供元で ID を付加した匿名加工情報を第三者に提供
し、提供先から提供元へ ID を指定して DM やメールの送付を依頼すると
いう行為についてである。結論からすると、これは違法となる。匿名加工
情報を作成した提供元も、匿名加工情報取扱事業者であり、識別行為を禁
止されているためだ。DM やメールを送るためには、指定された ID から
元の本人を識別することになるため、これが禁止されているからである。

　2022 年施行の改正ではガイドラインで匿名加工情報から特定の個人を識
別できる対照表などは破棄することとされており、そもそも提供元でも復
元できないようにしなければならない。ただし、匿名加工情報に含まれる
項目から条件を指定して、合致する人への DM やメールの送付依頼は可
能である。これは、条件指定による検索という行為であり、匿名加工情報
に含まれる本人のデータそのものから本人を識別することにはならないた
めである。

STEP 8-8
安全管理措置

> ・義務化されている加工方法情報などの安全管理措置は、個人情報取
> 　扱事業者の安全管理措置に準じる
> ・それ以外の安全管理措置については努力義務であり、認定個人情報
> 　保護団体の保護指針で定められる
> ・識別行為の禁止、第三者提供の際の情報の項目と提供方法の公表お
> 　よび提供先への明示は、匿名加工情報取扱事業者の義務であるため、
> 　これを順守するための安全管理措置は必須

　匿名加工情報の安全管理措置には、性質の異なる二つのものがある。

　一つは加工方法に関する安全管理措置で、これは加工方法や元のデータが漏洩することで匿名加工情報が復元されることがないようにするためのものであり、作成者の義務である。

　もう一つは、匿名加工情報そのものを安全に管理するためのもので、匿名加工情報を取り扱うすべての者に対する努力義務であり、公表することにも努力するよう求められている。

　加工方法情報等に関する安全管理措置は、個人情報を取り扱うことになるので、STEP12で詳述する個人情報の安全管理措置と基本的に同じだ。ただし、2022年施行の改正では、匿名加工情報独自の事項として、ガイドラインで匿名加工情報から特定の個人を識別できる対照表などは破棄することが追加されている。復元禁止のための安全措置の追加でもあり、作成者も復元できないようにすることを明確化したものである。

　一方、匿名加工情報の取り扱い全般に関する安全管理措置については、認定個人情報保護団体の個人情報保護指針で定められることとなっている

が、特に注意すべき点は次の点だ。

　匿名加工情報は、加工段階で容易に照合できないようにしているため「容易照合性」は失われているとされているが、絶対に特定の個人を識別できないというわけではない。従って、取り扱うに当たっては、識別行為を禁止することが徹底される必要がある。

　偶然、特定の個人を識別できてしまった場合の取り扱いをどうするか、問い合わせなどで指摘される場合も含めて安全管理措置で決めておく必要がある。特定の個人を識別できた情報については、廃棄する必要がある。それ以外の対応方法としては、当該照合行為を中止する、あるいは匿名加工情報が要件を満たしていないと考えて取り扱いを中止する他、さらに提供元へ不備を報告するなど、考えられることは多くあるが、ケース・バイ・ケースで考える必要があるだろう。

　例えば、鉄道の移動情報と事業者が持っている通勤経路情報とを照合することにより、特定の個人を推知できる可能性がある。もっとも、定期券は同一金額内で直接乗り降りする範囲より広い範囲をカバーできるため、届け出た経路通りに購入するとは限らず、定期券区間内の乗降については、その定期が利用されたことだけが記録され、実際の乗降区間を表していないなど、様々な要因で推知の正確性は高くない。

　このように、個々の状況に応じて柔軟に判断する必要があり、安全管理措置も画一的に決められるものではない。従って、疑わしい事態が発生した場合に、これを検知したり報告したりする体制を検討し、判断できる体制を構築することが安全管理措置の重要なポイントとなる。

　さらに、匿名加工情報の第三者提供では、当該情報が匿名加工情報であることを提供先に明示することが義務付けられている。これも安全管理措置の中で徹底させる必要があるものだ。

STEP 8-9
仮名加工情報の定義

- 仮名加工情報とは、他の情報と照合しない限り特定の個人を識別できないように加工した個人に関する情報である
- 同一事業者内、共同利用、委託業務において、利用者の同意を得ることなく利用目的を変更することを可能とするものである
- 第三者への提供は禁止されている
- 新たなサービスの検討のために分析をすることなどが利用方法として想定されている

2022年施行の改正で新たに仮名加工情報が定義された。匿名加工情報も仮名加工情報も、利活用を促進するために本人の同意を不要とし、加工方法もよく似ている。ただし、不要とする同意の内容が異なる。匿名加工情報は第三者提供の同意、仮名加工情報は利用目的変更の同意である。

仮名加工情報は、「他の情報と照合しない限り特定の個人を識別できないように個人情報を加工して得られる個人に関する情報」と定義されている。「他の情報と照合しない限り」とあることから、仮名加工情報では加工した際の元の個人情報との対照表や加工方法が残っていてもよいということになる。

これにより匿名加工情報の「特定の個人を識別することができないように加工」の定義が明確化され、作成者は元の個人情報に復元できる対照表を破棄しなければならないことがガイドラインに明記されることとなった。いずれの加工情報も提供先において特定の個人を識別することは禁止されているので、求められる安全管理措置の内容は多少異なるものの、厳重に管理することには程度の差はない。

　仮名加工情報が想定しているのは、同一事業者内や共同利用、委託事業において、個人情報の取得時に利用目的として公表または通知していなかった新たなサービスや事業創出の検討のための分析などについて、改めて本人の同意を得なくても済むようにすることである。従って、第三者提供は禁止されている。一方で、仮名加工情報にすることでこれを利用する場合に、開示や利用停止の請求への対応や漏洩等の報告が必要なくなる。

　仮名加工情報の定義を整理すると以下になる。

　個人情報に下記の加工を施すことにより、他の情報と照合しない限り特定の個人を識別できないようにした個人に関する情報。
①特定の個人を識別できる情報（容易に照合できるものを含む）を削除、または「復元することのできる規則性」が無い方法で置き換えたもの。
②個人識別符号を全部削除、または「復元することができる規則性」が無い方法で置き換えたもの。

　特定の個人を識別することができない、復元することができないとあるが、これは技術的に絶対できないようにしなければならない、ということではない。一般人や一般的な事業者の能力や手法では「できない」ことが基準とされている。

STEP 8-10
仮名加工情報取扱事業者の義務等

・委員会規則で定めた基準に則った作成
・本人の同意を取得することなく利用目的を変更可能であるが、利用

する項目と目的は原則公表しなければならない
・第三者提供は禁止
・仮名加工情報に含まれている個人を特定すること、本人に到達する
　ことは禁止
・仮名加工情報の漏洩等の報告等と開示・利用停止等の請求対応が不
　要となる

　仮名加工情報取扱事業者とは、仮名加工情報データベース等を事業に利用している者で、仮名加工情報データベース等とは仮名加工情報を容易に検索できるように体系的に構成したものである。個人情報扱事業者の場合と同じく、データベース化していない場合、事業の用に供していない場合は取扱事業者には該当しない。
　仮名加工情報取扱事業者に課せられる義務などは、作成する場合、受け取る場合の2パターンがある。

図表8-5　仮名加工情報取扱事業者の義務など

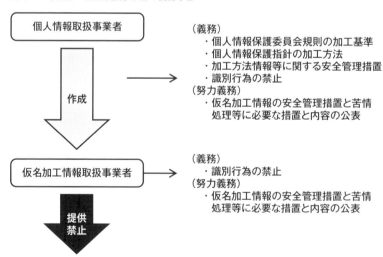

１．作成する場合

　詳細は後述するが、仮名加工情報の作成は個人情報保護委員会規則で定めた基準に則る必要があり、自社が所属する認定個人情報保護団体が作成する個人情報保護指針が定めた場合にはこれを守る必要がある。

　作成した場合には、加工方法情報などに関して安全管理措置の義務が課される。これは、加工方法や元のデータが漏洩することで仮名加工情報が復元されることがないように、取扱者や管理者の組織体制や規定などの整備、内部監査、PDCA のサイクル、従業員教育、セキュリティーなど、後述する個人情報の安全管理措置と同様のものである。

　仮名加工情報に含まれる個人に関する情報の項目の公表については、個人情報の取得時に公表または通知した範囲での利用目的であれば必要ないが、範囲を超える場合には新たな利用目的と併せて公表しなければならない。作成した場合の安全管理措置に関する認定個人情報保護団体の個人情報保護指針については明示されていないものの、「その他の事項」として保護指針に追加で定められる場合も考えられるので、確認が必要だろう。

　作成された仮名加工情報の安全管理措置、苦情処理などについて必要な措置を講じると同時に、その内容の公表については、義務ではないが努力することが求められている。

２．仮名加工情報を受けた場合

　まず、当然のことながら識別行為の禁止がある。いかなる方法であれ特定の個人を識別することは禁止されている。

　さらに本人への到達行為の禁止がある。仮名加工情報ではクッキー（cookie）、個人情報ではない位置情報やメールアドレス等は「他の情報と照合しない限り特定の個人を識別することができない」限り削除対象とはなっていない。そのため、個人への到達性がある場合もあり得るため、このように規制されている。

　仮名加工情報で利用する項目と利用目的の変更については以下の通りである。

　まず、同一事業者内の別部署などで利用するときは、個人情報の取得時に公表または通知した範囲での利用目的であれば、項目も利用目的の公表も必要ない。利用目的が公表または通知の範囲を超える場合には、新たな利用目的と併せて仮名加工情報に含まれる個人に関する情報の項目を公表しなければならない。

　一方、作成者とは異なる共同利用者や委託事業者は、利用目的は自由に設定し変更することも可能であるが、その都度、利用項目と利用目的は必ず公表しなければならない。

　この違いは、仮名加工情報の作成者は元の個人情報を持っていることから個人情報取扱事業者であるからだ。そのため、公表または通知した範囲を超える目的で利用する場合には、本来であれば改めて同意を取る必要があるが、仮名加工情報として利用する場合には公表または通知となり、制限が緩和されている。

　特に気を付けてほしいのは、作成者と異なる部署であっても同一事業者である限り、同じ個人情報取扱事業者であり、この仮名加工情報は「個人情報としての仮名加工情報」であるということだ。後述するが、仮名加工情報の取り扱いでは個人情報取扱事業者としての義務がいくつか緩和されるが、同一事業者内では「特定の個人を識別できる情報」が存在することから、基本的には個人情報取扱事業者であることを忘れないようにしてほしい。

　一方で、作成者とは異なる事業者である共同利用先や委託先においては「個人情報ではない仮名加工情報」となる。そのため個人情報取扱事業者としての義務はかからないものの、それ以外の仮名化加工情報取扱事業者としての義務はあるので注意してほしい。

　仮名加工情報の取り扱いについての安全管理措置や苦情処理についても、作成した者と同様に、努力義務が課されている。

　最後に仮名加工情報取扱事業者は、個人情報保護取扱者と比べて一部の義務が緩和されている点について説明する。

　まず、漏洩などの報告等については、仮名加工情報が漏洩などが起きた場合の個人情報保護委員会、関係省庁への報告や本人への通知は不要である。ただし、元の個人情報や仮名加工情報との対照表などは個人情報取扱事業者としての義務として報告や通知義務があるので間違えないでほしい。

　また、本人からの開示等の請求や利用停止についても対応する必要は無い。ただし、これらも仮名加工情報についてのみであり、元の個人情報については個人情報取扱事業者として対応しなければならないので、窓口対応のマニュアルなどで両者を混同しないように気を付けてほしい。

STEP 8-11
仮名加工情報の作成基準と作成方法

> ・仮名加工情報は匿名加工情報より加工基準や加工方法の厳格さが緩和されているが、同一事業者あるいは同一と見なされる事業者の内部利用が原則とされているからである
> ・基本的には個人を特定できる氏名や個人識別符号の削除が必要だが、それ以外にクレジットカード番号などの財産的被害が生じるおそれのあるものを削除しなければならないことに注意

　仮名加工情報の作成基準は個人情報保護法の「他の情報と照合しない限り特定の個人を識別できない」ことである。加工方法は、以下の個人情報保護法で定められている①②に委員会規則で定められている③を追加したものである。

図表8-6　仮名加工情報の作成基準と加工方法

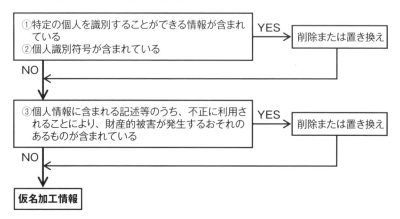

①個人情報に含まれる特定の個人を識別できる記述等の全部または一部を
　削除すること（当該全部または一部の記述などを復元できる規則性を有
　しない方法により他の記述などに置き換えることを含む）。
②個人情報に含まれる個人識別符号の全部を削除すること（当該個人識別
　符号を復元できる規則性を有しない方法により他の記述等に置き換える
　ことを含む）。
③個人情報に含まれる不正に利用されることにより財産的被害が生じるお
　それがある記述などを削除すること（当該記述などを復元できる規則性
　を有しない方法により他の記述などに置き換えることを含む）。

　①②は匿名加工情報と同じであるので、そちらを参照してほしい。
　③が仮名加工情報に特有の基準である。財産的被害が明確に定義されて
いないため、今後Q&Aなどから類推しなければならないところはあるが、
ガイドラインやパブリックコメントの回答を見る限り、直接的に金銭、有
価証券、チケット類が奪われる可能性が高い場合が想定されている。クレ
ジットカード番号、送金や決済機能のあるWebサービスのログインIDと

パスワードが例示されている。

　一方で、匿名加工情報に求められる複数のデータベースや対照表で個人を特定するための ID、高額や高年齢等の特異な記述、その他位置情報と時間などによる個人を特定できる可能性の高い記述などの削除や置換は求められていない。これは、仮名加工情報は第三者提供が禁止されており、あくまでも内部的な利用に限られているからだ。同一事業者内では異なる部署であっても仮名加工情報は個人情報であり、共同利用や委託も同一の事業者と同じと見なされるからである。従って、利用目的の公表など個人情報と同様の義務も一定程度求められるが、後述する通り、仮名加工情報にすることで個人情報に求められる一定の義務が緩和されることになり、利活用を促進できるように考えられている。

STEP 8-12
仮名加工情報の安全管理措置

- ・基本的に匿名加工情報の安全管理措置と同じである
- ・匿名加工情報と異なり作成者には「特定の個人を識別することのできる」対照表等があり、同一事業者内では仮名加工情報は個人情報でもあるので、個人情報としての安全管理措置も課される

　安全管理措置については、元の個人情報との対照表が残っているなど復元できる可能性がある情報があるため、これらの情報の取り扱いについて漏洩などを防止するために安全管理措置が義務化されている。仮名加工情報を作成する場合の加工方法は、おおむね特定の個人を識別できる情報を削除または置換にあるため、安全管理をすべき情報のことを個人情報保護

法では「削除情報等」と表現している。

　安全管理措置の基準は委員会規則で定められており、ガイドラインで具体的に講じなければならない項目と具体例が詳述されている。おおむね、匿名加工情報における加工方法等情報の安全管理措置（義務）や匿名加工情報の安全管理措置（努力義務）と同等であると考えてよいだろう。

　安全管理措置全般に関しては、STEP12で詳述しているので、そちらを参照してほしいが、利用する必要がなくなった仮名加工情報は消去に努める（努力義務）点が異なる。匿名加工情報では、特定の個人を識別できず加工時の対照表も破棄されることとなっているため特に規制はないが、仮名加工情報は対照表などがあり同一事業者内では個人情報でもあるので、個人情報の取り扱いと同じ消去の努力義務が発生する。

コラム③

個人情報と通信の利用者情報

　個人情報保護委員会は、一部の特定分野について他の省庁へ権限を委任しているものがある。よく知られているのは、金融や医療、放送、郵便などの関連分野である。特に総務省が所管する電気通信関連の分野は、デジタル化が進み、多くの企業でインターネットやスマートフォンを利用した業務やサービスをする上で避けては通れないものとなっている。

　また、技術の急速な進化による個人に関する情報の利活用の急激な拡大によって、個人情報保護を超えたプライバシー侵害の問題を次々と提起している。これに対処すべく、電気通信事業における個人情報保護のガイドラインの改正が進められており、さらには根本の電気通信事業法の改正も射程に入り始めている。

　プライバシー保護関連で、電気通信事業法と個人情報保護法の最大の違いは、電気通信事業法では「通信の秘密」を守らなければならないことだ。通信の秘密は、通信中のあらゆる情報が対象で、会話やメール内容だけでなく配信されたあらゆるコンテンツ、どこから誰が誰に発信したか、端末が取得したデータなど、ほぼ例外は無いと考えてよい。従って、位置情報や端末ID（識別子）、クッキー（cookie）なども含まれる。ただし、利用目的によっては例外がある。通信を成立させるためや料金算定のため、法令による場合は除かれ、また本人の同意がある場合も例外となる。

　一方で、規制の対象となる事業者は通信事業者である。詳細な定義と区分は省略するが、NTTドコモやKDDI、ソフトバンクといった携帯電話事業者（キャリア）のほか、MVNO（仮想移動体通信事業者）、固定電話の事業者、ISP（インターネットサービスプロバイダー）などである。しかし、これらの通信事業者のインフラ上で電気通信事業者と変わりの

ないメッセンジャー、音声や動画による通話を提供する事業が広がり、基地局の位置情報を利用する電気通信事業者より精度の高い全地球測位システム (GPS) の位置情報を利用したサービスなども普及している。

　このような観点から、通信の秘密により守られるべきである情報を「通信関連プライバシー」として保護されるべき情報と定義したり、旧来の電気通信事業者と同等のサービスを「通信関連サービス」と定義したりして、利用者の保護を図ることが検討されている。直近では緊急性に鑑みて、cookie や端末 ID などを利用した広告についてガイドラインで規律を個別に定めることが検討されており、位置情報も俎上に上がっている。規制の方向性は、法令と企業の自主規制を柔軟に組み合わせる官民による「共同規制」である。実効性を持たせるための法的枠組みも検討されるだろう。一定のアウトカムベース（成果主義）での要求事項を法令で定め、第三者的な団体などが事業者を規律するような枠組みとなることが想定されている。

STEP 9

外国にある第三者への提供

STEP 9-1
外国にある第三者への提供の概要

> ・国内における個人情報取扱事業者が個人データを外国の第三者に提
> 　供する場合が対象
> ・原則として本人の同意を得る必要がある
> ・委託、事業承継、共同利用であっても外国の法人である場合には第
> 　三者提供に該当する
> ・移転先国の個人情報保護関連の制度や移転先事業者が講ずる保護措
> 　置についての情報を提供しなければならない

　ビジネスのグローバル化に伴って、個人データを外国の事業者や外国に
ある日本企業が取り扱うことも珍しいことではなくなっている。

　日本企業にとって気になるのは、出張や転勤時に国外子会社や支店など
で扱う場合、国外の顧客の情報を日本で扱う場合などであろう。また、コ
スト削減のために国外で人事、総務、経理などの業務やコールセンターに
よる顧客対応をしている場合もあるだろう。一方、事業者のサービス利用
者が気にするのは、国外の企業が個人情報を取り扱う場合だろう。

　このように、個人データの国外移転といっても、様々なパターンがある。
どのような場合が個人情報保護法によって定められているかが分かりにく
くなっている。

　外国に関する規制は、日本国内の個人情報取扱事業者が個人データを外
国の第三者に提供する場合である。ちなみに匿名加工情報については、提
供先を定めていないので、匿名加工情報取扱事業者は対象外となっている。
外国の第三者への個人データの提供に関して、重要なポイントは以下の通
りである。

①外国の第三者とは、提供側の個人情報取扱事業者と異なる外国の法人のことである。
②第三者提供する場合は、あらかじめ本人の同意を得ることが原則である。
③外国法人の事業者などへの委託、事業承継、共同利用も第三者提供となる。
④第三者提供の同意を取得する際に、移転先国の個人情報の保護に関する制度や移転先事業者が講ずる個人情報の保護のための措置についての情報を提供しなければならない。

STEP 9-2
規制の対象者と外国にある第三者の定義

・日本国内で個人情報データベースなどを事業の用に供している場合は、日本法人、外国法人に関係なく対象となる
・外国にある第三者とは、事業者だけでなく政府や国際機関なども該当する
・日本企業であっても、外国の現地で法人格を有する場合には外国にある第三者である

　まず明確にしておかなければならないのは、個人情報保護法が対象としているものである。この法律が対象としているのは、日本国内にある「個人情報取扱事業者」である。国内で登記している事業者はもちろんのこと、外国法人であっても日本国内に活動拠点が存在し、日本国内で「個人情報データベース等」を事業の用に供している場合は対象となる。

　取り扱っている個人データについては、国籍や在住地に関係なく、また取得についても国内外を区別していない。例えば外国法人の企業が日本へ

の観光客や出張者向けに、日本国内で「個人情報データベース等」をサービス提供用に使用している場合は対象となる。

　ただし、外国の在住者の個人情報を取り扱う場合は、当該本人の在住国の法令に従う必要がある。また、日本法人が外国で個人情報を取り扱う場合には、現地の法令に従う必要がある。そのため、二重規制となる場合があることに留意しなければならない。

　法律は「外国にある第三者」と表現しているが、これは外国にあるすべての者という意味である。企業などの事業者だけでなく、国際機関や外国の政府や関係機関なども含まれる。

　一般的な事業者間での区別で考えた場合、日本に法人格のある「個人情

図表9-1　外国にある第三者

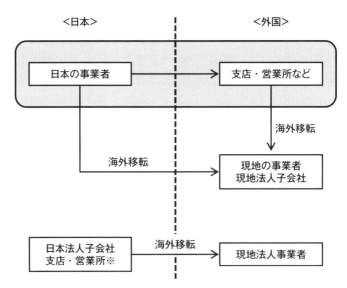

※実態として日本国内で「個人情報データベース等」を事業の用に
　供している場合　→　個人情報取扱事業者に該当

報取扱事業者」が外国に法人格のある事業者に個人データを提供する場合が、外国にある第三者への提供であるとされている。従って、同じ資本の親子関係の日本企業であっても、現地で法人格を有している子会社に個人データを送る場合には、外国にある第三者への提供に該当する。一方、現地では法人格を有しない支店や営業所へ送る場合には該当しないことになる。

　逆に外国の法人が日本において法人格を有する場合は、日本国内で個人データの提供を受けたとしても外国にある第三者の提供には該当せず、国内事業者間の第三者提供と同じ扱いとなる。法人格を有していなくとも、実態として日本国内で事業所などを設置あるいは事業活動をしており、「個人情報データベース等」を事業に用いている場合は、国内にある「個人情報取扱事業者」に該当するため、外国の第三者には該当しない。ただし、この事業者が外国にある親会社などに個人データを送る場合には、その時点で該当することになる。

　もう一点、気をつけなければならないのは、例えば外国にある第三者がさらに第三者提供や委託をする場合である。この法律は「日本から見て外国」であるか否かを基準としているので、外国にある第三者が自国の事業者に提供しても日本から見れば外国の第三者への提供に該当することになる。

STEP 9-3
第三者提供に関する規律

・オプトアウトによる第三者提供や本人の同意の必要がない委託、事業承継、共同利用が認められているのは、提供を受ける者が、日本と同等の水準の国（2021 年現在では欧州経済領域協定（EEA）にて規定されている国）と英国、個人情報保護委員会規則で定める基

準に沿った措置を確保している場合、CBPR による認定を受けている場合、のみである
・例外事項は国内における第三者提供の場合とほぼ同じである

　外国の第三者に個人データを提供する場合には、あらかじめ本人の同意を得ることが原則である。ただし、日本と同等の個人情報保護水準にある国の第三者、または日本の個人情報保護法と同等の体制を整備している外国の第三者のいずれかの場合には、オプトアウト手続きによる第三者提供が可能となり、委託や事業承継、共同利用の場合の同意取得も不要となる。言い換えると、前記の国や体制が整備されていない外国の第三者の場合には、オプトアウト手続きによる第三者提供は認められず、委託や事業承継、共同利用の場合もあらかじめ本人の同意を得る必要があるということだ。

1．日本と同等の水準にあると認められる個人情報保護制度を有している国にある第三者（政令で定める）

　2021 年時点では、欧州経済領域協定（EEA、以下の国）と英国が該当

図表9-2　外国にある第三者への提供の規律

	日本と同等の水準の国の第三者	必要な体制を整備している第三者		いずれの条件にも該当しない国の第三者
		委員会規則の基準を確保	国際的な枠組みに基づく認定	
本人の同意による提供	○　欧州経済領域協定・英国（2021）	○	○　CBPRのみ（2021）	○
オプトアウト手続きによる提供	○	○	○	×
委託・事業承継・共同利用	○	○	○	本人の同意必要

する。アイスランド、アイルランド、イタリア、エストニア、オーストリア、オランダ、キプロス、ギリシャ、クロアチア、スウェーデン、スペイン、スロバキア、スロベニア、チェコ、デンマーク、ドイツ、ノルウェー、ハンガリー、フィンランド、フランス、ブルガリア、ベルギー、ポーランド、ポルトガル、マルタ、ラトビア、リトアニア、リヒテンシュタイン、ルーマニアおよびルクセンブルク

2．個人情報取扱事業者が講ずべき措置に相当する措置を継続的に講ずるために必要な体制を整備している第三者（個人情報保護委員会規則で定める基準）

　こちらは、すでに個人情報保護委員会規則で二つの基準が公示され、ガイドラインでも詳しく解説されている。

①個人情報保護委員会規則で定める基準に沿った措置が確保されていること

　　基準は後述するが、基本的に日本国内の個人情報取扱事業者が講ずべきものと同じであり、さらに基準に適合していることが保証されなければならない。その方法として、契約書、確認書、覚書など、必要な事項が定められて記載されているものが提供元と提供先間で交わされている必要がある。ただし、提供元と提供先が同一資本やグループ内であれば、両者に共通する内規やプライバシーポリシーが制定され、運用されていることでも構わない。

②提供を受ける者が、国際的な枠組みに基づく認定を受けていること

　　2021年現在で個人情報保護委員会が認めた国際的な枠組みは、APEC（Asia-Pacific Economic Cooperation、アジア太平洋経済協力）の越境プライバシールール（CBPR、Cross Border Privacy Rules）のみである。

　　この認定を受けている外国の第三者については、オプトアウト手続きによる個人データの第三者提供が認められ、委託や事業承継、共同利用に

ついても本人の同意を得る必要はない。

　CBPR はまだ歴史が浅く、認定を受けている事業者は少ないが、日本企業が外国から個人データの第三者提供を受ける場合にも有用であるため、今後の普及が期待されている。詳細については現在、日本で唯一の認証機関となる日本情報経済社会推進協会（JIPDEC）に問い合わせてほしい。

3．法律第 23 条第 1 項各号に該当する場合は例外

　これは国内における第三者提供で例外とされたもので、外国の第三者への提供にも適用できるとするものである。法令に基づく場合、人命や財産に関わる場合、公衆衛生や児童福祉に関する場合、公共機関の法令に基づく事務の遂行の場合などで、本人の同意を得るのが困難、緊急を要していて間に合わない、あるいは本人の同意を得ることで支障をきたすなど、他の法益が優先すると考えられる場合が該当する。

　ちなみに、外国にある第三者であっても、STEP6 で詳述した第三者提供に関わる内容はすべて適用されるので注意してほしい。

STEP 9-4
委託、事業承継、共同利用

> ・本人の同意を必要としない委託、事業承継、共同利用の場合（STEP9-3 参照）でも、外国にある第三者との間で個人情報保護に関する体制が整備されていることを担保する契約などが必要。

　外国にある第三者に対する委託、事業承継、共同利用でも、原則として本人の同意取得が必要だ。一方で、前項に掲げられた日本と同等の個人情報保護水準にある国の第三者、または日本の個人情報保護法と同等の体制

を整備している外国の第三者のいずれかの場合には、本人の同意は不要になる。

　しかしながら、この条件は事業者が証明しなければならないことに留意する必要がある。従って、欧州経済領域協定に規定される国の場合は登記簿などの該当国に登記されていることの証書、日本の個人情報保護法と同等の体制を整備している外国の第三者の場合は契約書、確認書、覚書など、必要な事項が定められて記載されているものが交わされていることや、提供先事業者が APEC の CBPR の認証を受けていることを証するものなどが必要だ。

　また、STEP6-6 で詳述した委託や事業承継、共同利用は、外国の第三者についてもすべて適用される。

STEP9-5
個人情報保護委員会規則で定める基準に沿った措置が確保されていること

> ・基準は基本的に国内の個人情報取扱事業者の義務と変わらない
> ・契約での取り決めが必須ではなく、グループ企業内での共通規約などのように、契約に代わって担保できるものでも認められる
> ・法律は国内の個人情報取扱者事業者を対象としているため、匿名加工情報や確認・記録義務のように一部外国にある第三者に対して適用できない事項がある

　本人の同意がある場合、個人情報保護委員会が認定した国にある第三者、APEC の CBPR 認証を受けている第三者以外で越境移転する場合には、外国にある第三者が、個人情報保護委員会規則で定める基準に沿った措置

を確保している必要がある。その基準はほとんど国内の個人情報取扱事業者に課されているものと変わりない。

　概要は下記の通りだが、それぞれについては本書で解説している内容を参照して、契約書などに記載することが必要だ。

①利用目的を特定すること。
②特定した利用目的の範囲を超えて利用する場合には、原則としてあらかじめ本人の同意を得ること。
③個人情報の取得は適正に行うこと。
④個人情報を取得する場合には利用目的を通知または公表すること。
⑤個人データの内容の正確性を確保すること。
⑥安全管理措置を行うこと。
⑦従業者の監督を行うこと。
⑧委託先の監督を行うこと。
⑨個人データを第三者に提供する場合は、原則としてあらかじめ本人の同意を得ること。
⑩個人データを外国にある第三者に提供する場合は、原則としてあらかじめ本人の同意を得ること。
⑪保有個人データに関する公表、開示、訂正、利用停止などに対応すること。
⑫苦情の処理をすること。

　ただし、日本の個人情報保護法通りにすべての事項を記載しなければならないというわけではない。実質的に適切かつ合理的な方法により、措置の実施が確保されていれば足りるとされている。ケース・バイ・ケースとなるので、ここで詳述することは難しいが、例えば外国にある第三者が内規などにより個人情報の取り扱いを定めている場合には、契約書には内規の順守について記載し、足りない部分があれば契約書に追加するといった方法も考えられる。

　一方、外国であるがゆえの事情により、いくつか例外的な対応となるものがある。

1）匿名加工情報の第三者提供

　匿名加工情報は、そもそも提供先の特定は求められておらず、誰に対しても本人の同意を必要とせず提供が可能なものである。従って、外国にある第三者に提供する場合、提供元が提供先に対して匿名加工情報であることを明示する以外の義務はない。一方、法律の対象者は国内にある匿名加工情報取扱事業者であるため、外国にある第三者には適用されない。

　ちなみに、匿名加工情報の規律は、作成した際の項目が含まれている限り継承されるため、外国にある第三者に提供し、外国で復元し、国内の事業者に提供するという行為は違法である。もちろん簡単に復元されるような加工は、そもそも作成者が違法になる。

2）要配慮個人情報の第三者提供

　要配慮個人情報は、国ごとに定義も対応も異なり、国際的にも整合性が取れていないため、2022年4月施行の改正個人情報保護法では「要配慮個人情報として取るべき措置」は外国にある第三者に対しては適用されないことになった。これはあくまでも、提供先の外国にある第三者が、「要配慮個人情報」としての規律を日本と同等の基準で設けていない場合でも、提供が可能であるというものである。とはいえ、多くの国で経済協力開発機構（OECD）の「プライバシーガイドライン」にある8原則や自国の法律などで、いわゆるセンシティブ情報として取り扱わなければならないはずであるので、これに則った対応がされていなければならない。

　OECDプライバシーガイドラインの8原則は「収集制限の原則」「目的明確化の原則」「利用制限の原則」などを定めており、世界各国の個人情報保護制度の基礎となっているものだ。

　最初に取得するのは日本にある個人情報取扱事業者なので、取得の際に

は原則として本人の同意は必要である。また、外国にある第三者への提供についても、国内の第三者に提供する場合と同じく、オプトアウト手続きは認められず、原則として本人の同意が必要であることにも変わりはない。

3）第三者提供の確認・記録義務

　外国にある第三者は、日本の個人情報取扱事業者から提供を受ける場合に確認・記録の義務はかからない。これも、個人情報保護法の対象が日本国内にある個人情報取扱事業者であるからだ。ただし、提供元である日本の個人情報取扱事業者の記録義務は免除されないので気をつけてほしい。

STEP 9-6
外国にある第三者がさらに第三者提供、委託、事業承継、共同利用する場合

> ・外国にある第三者から、さらに個人データが移転される場合には、法律ではカバーできないリスクが存在する
> ・法律でカバーできないものについては、契約などで条件を明確にし、リスクを管理する必要がある。

　日本から外国にある第三者に提供した個人データについて、さらに第三者への提供や委託、共同利用が行われる可能性は少なからずあるだろう。また、M&A（合併・買収）により他社に移管される場合もあり得る。

　日本から個人データの提供を受けた外国の第三者が、自国の事業者に提供した場合も他国の事業者に提供した場合も、提供を受けた事業者は、日本から見て外国の第三者である。従って、日本の事業者に第三者提供しない限り、すべて外国の第三者としての規律を当てはめなければならない。

　しかしながら、当該外国における越境移転に関する法制度が日本と異なる場合もあり、日本の保護法では違法となる取り扱いとなるおそれがある。このようなリスクを避けるために、さらなる個人データの移転については、最初に提供元である日本側と提供先である外国にある第三者との間で何らかの対策を盛り込んだ契約などが必要になる。もちろん、さらなる移転を望まないのであれば、契約で第三者提供、委託、共同利用を禁止する条項を入れておかなければならない。

　以下に詳述する通り、問題は本人が意図しない利用や漏洩などの問題が発生した場合などのことを考えておかなければならないことだ。これらの対策が不十分であった場合、日本の事業者は安全管理措置に問題がなかったかが問われることになるだろう。

1．第三者提供を受けた外国にある第三者がさらに第三者提供する場合

　日本から個人データの提供を受けた外国にある第三者が、本人に同意を得ることが基本である。最初に個人情報を取得した日本の個人情報取扱事業者が代行することも可能である。

　2022年施行の改正法では、提供を受けた外国にある第三者について、提供元である日本の個人情報保護取扱事業者が講ずべき措置が新設されている。こちらの詳細については後述するが、提供先の管理の強化が求められている。提供先国の法制度の違いや地理的な要因などもあって、外国にある第三者の管理は難しくなりがちであるため、リスク管理の視点も含めて、あらかじめ対策を講じておくことが望ましい。

　具体的には日本の個人情報取扱事業者と最初の外国の第三者との間の契約で、さらなる第三者提供をする場合の条件などを取り決めておくことになる。その内容はSTEP9-5が基本となり、その内容をさらに次の第三者へも継承させることだ。つまり、日本における個人情報保護と同等の規律を契約で縛ることである。何らかの問題が発生した場合に、責任の所在と

取り方が明確であるかがポイントになり、逆にこれをおろそかにすると、安全管理措置として十分であったかが問われると考えられる。

２．第三者提供を受けた外国にある事業者が委託をする場合

　個人データの第三者提供を受けた外国にある第三者が委託をする場合は、原則として第三者提供と同じく扱わなければならない。つまり、原則として同意が必要であるということである。ただし、STEP9-2で詳述した基準に則っている場合は、本人の同意を得る必要はなくなるが、委託先の管理が求められる。

　第三者提供に該当する場合の考え方は、上記１と同様である。委託が適用される場合は、外国の第三者に対して委託先の管理を徹底させることを契約などで規定すればよいだろう。

３．第三者提供を受けた外国にある事業者が共同利用する場合

　個人データの第三者提供を受けた外国にある第三者が、グループ会社間などで共同利用する場合は、共同利用であっても原則として第三者提供と同じに扱わなければならない。ただし、STEP9-2で詳述した基準に則っている場合は、本人の同意を得る必要はなくなるが、STEP6-6で述べた必要事項について、あらかじめ本人に通知または容易に知りえる状態に置かなければならない。

　現実的な対応を考えると、共同利用について同意を取得する方法が妥当だと考えられるが、外国の第三者がこれを行うのも相当困難であろう。この場合、最初に個人情報を取得した日本の個人情報取扱事業者が代行して同意を取得する方法も考えられるが、提供先の共同利用について管理できるかが問われることになる。

　グローバルな事業展開をしている事業者は、国や地域ごとに法人を設立していることも珍しくないため、今後このような利用方法も増えてくることが考えられる。ケース・バイ・ケースで考えることにはなるが、このよ

うな場合には STEP9-2 で説明した CBPR のような枠組みが有効な解決手段となるだろう。現時点では、契約で細部まで取り決める以外ないため、専門家に相談していただきたい。

４．外国にある子会社への委託や共同利用の場合

日本の個人情報取扱事業者が外国にある子会社やグループ会社などに委託している場合や共同利用している場合には注意が必要だ。法人が国別である場合、子会社やグループ会社であっても原則としては外国にある第三者への提供に該当する。しかし、一般的に内規などで日本と同一の保護体制にあれば、国内での委託や共同利用とほぼ同様に個人データを扱える。従って、今後はこのような対応を進めていくことになるであろう。

しかし、これらグループ内の事業者がグループ外の第三者へ再委託する場合、その時点で外国にある第三者への提供となり、原則本人の同意が必要となる。これを避けるためには、STEP9-2 で説明した基準に則った第三者への委託とすることが求められる。

よくある事例としては、社員が海外の子会社へ出張や出向する際に、現地の子会社が社員向けの住居、保険、その他について現地の企業に委託する場合である。日本側と海外の子会社の場合には内規などで共同利用または委託とすることができるが、海外子会社が現地事業者に社員の個人データを渡す場合には、原則としては第三者提供に該当する。しかし、基準に則った現地事業者であれば、国内の場合と同様の委託とすることができ、本人にその旨の同意を都度得る必要はなくなる。一度、現地事業者との契約を確認して問題がない状態であるか確認しておく必要があるだろう。

５．個人データを提供した外国にある第三者が吸収・合併などされる場合

STEP9-2 の基準に則った外国にある第三者により事業が承継される場合は、本人の同意を得ることなく個人データを承継できると考えてよいだろう。しかし、そうでない場合は第三者提供として同意の取得が必要にな

るが、それでもなお問題が残る。法律は外国にある第三者にまでは及ばないため、当該国の法律や規則に則っている限り違法性はない。そのため、日本の法律とは個人データの取り扱いが異なる可能性がある。極端な場合、日本では違法とされるような取り扱いがされる場合もあり得る。

　違法性はないとしても、本人や個人データを提供した事業者にとって好ましいものではない。そこで、外国にある第三者に提供する場合には、このような事態も想定した契約事項を入れておくべきであろう。具体的には、吸収や合併などの場合には、個人データを返却あるいは消去することや、事業承継として移転する場合の条件などを取り決めておくといったことが考えられる。大企業同士の場合は、契約を締結する際にリスク対策を十分検討するので、手当てされている場合も多いだろうが、ベンチャー企業などの場合はおろそかになりがちなので十分注意してほしい。

　特に、ヘルスケア分野ではIoT（インターネット・オブ・シングズ）やウエアラブル端末の急激な進化のもと、グローバルに新規参入の勢いが増しているが、要配慮個人情報を取り扱うことも多い。その一方で、要配慮個人情報やセンシティブ情報については、世界的に取り扱いに対する差異が大きいため、リスク対策として契約には細心の注意が必要だ。

STEP 9-7
越境移転における提供元の義務

・第三者提供時に本人に移転先の国の個人情報保護に関する制度、移転先事業者の個人情報保護措置について情報提供しなければならない
・上記の内容について定期的に確認し、適正な取り扱いに問題が生じた場合に適切に対応しなければならない

　2022年施行の改正では、越境移転の際の提供元の義務が拡充された。本人から同意を取って越境移転する場合には、本人の判断に資するように移転先国および移転先第三者の個人情報保護に関する情報の提供が新たに追加された。また、基準に適合する体制を整備した事業者への移転では移転先の管理が強化された。

1．本人の同意に基づく越境移転
下記の内容について情報の提供が義務付けられた。

①移転先の所在国名
②適切かつ合理的な方法で確認された当該国の個人情報保護制度
③移転先が講ずる措置

　②については、提供すべき情報の内容として、そもそも個人情報の保護に関する制度があるか、欧州連合（EU）の一般データ保護規則（GDPR）における十分性認定の対象国であるか、APEC越境プライバシールール（CBPR）の加盟国であるか、OECDプライバシーガイドライン8原則の順守を義務化していることなどがガイドラインに例示されている。
　政府や公的機関などによる個人情報へのアクセスが広範囲に認められている「ガバメントアクセス」や、本人の削除や消去の請求が及ばない当該国内への保存義務である「データローカライゼーション」があり、事業者はこれに従わなければならない制度がある国もある。このような個人情報の保護のリスクについての情報も提供しなければならない。

　情報の収集は先進国であれば比較的簡単であるが、日本の事業者の多くが移転先としているアジア各国は、個人情報保護制度の整備中であったり、様々な分野ごとに規定されていたりするなど、正しく網羅的に情報を集めることが難しい場合も少なくない。個人情報保護委員会でも情報収集し公

表することになっており、こちらを参照するのが有効であるが、すべての国が網羅されているわけではない。

多数の日本の事業者、欧米先進国が移転先としている国は、一定程度の安全性があるものと考えられる。ただし、他の事業者の公表する情報をそのままうのみにして確認したとしてはいけない。

情報の提供にあたって一般的な注意力をもって適切かつ合理的な方法により確認した情報を提供するということは、事業者が自ら確認することを求めているものである。個人情報保護委員会や認定個人情報保護団体、業界団体などでも情報を収集しているので、こうした情報を定期的に確認することは必須だ。それ以外に日本貿易振興機構（JETRO）や現地大使館への問い合わせなども考えられる。

もう一つの方法として、提供先企業に問い合わせることであるが、契約において調査し報告することを義務付けることも有効だろう。

③については、移転先国の個人情報保護制度の状況に関わらず、移転先の第三者がどのような個人情報保護の措置を講じているかの情報を提供することである。特に日本の制度と本質的に異なる点がある場合は、その点について情報提供する必要がある。本質的な違いについては、OECDのプライバシーガイドラインに含まれる個人情報の取り扱いに関する基本8原則に基づいているかどうかが一つの基準としてガイドラインに例示されている。

本人の同意を前提とする場合には、本人が日本の法制度との違いを認識してリスクを判断したうえで、同意の可否を決めることができるようにすることが重要である。

2．基準に適合する体制を整備した第三者への越境移転

移転元に対して以下の義務が課されている。

① 移転先における適正取り扱いの実施状況等の定期的な確認

②移転先における適正な取り扱いに問題が生じた場合の対応
③ 本人の求めに応じて「必要な措置」に関する情報を提供

　いずれも事業者間の問題であり、移転元事業者のリスク管理の一環としても重要である。提供を受けた外国にある第三者についても、日本の個人情報保護法の規律が及ぶ。これに伴って日本の個人情報保護取扱事業者が講ずべき措置は以下の通りである。

　①については、移転先から書面による報告を受けることといった例示がされている。基本的に提供元と提供先の契約事項の順守状況を確認することであるが、「契約通りに扱っているか→ YES or No」では足りないであろう。

　例えば、個人情報の取り扱いに関する体制、責任者や担当者の情報、開示請求や問い合わせの件数や内容、その他定量的、定性的なレポートなどの定期的な提出を契約に含めておくといったことが考えられる。極めて大量の個人データや要配慮個人情報が含まれる場合には、現地の第三者による監査や実際に訪問しての確認も検討すべきだろう。

　移転先国における制度の状況についても確認する必要があるとされている。提供先国において、政府や公的機関による個人情報へのアクセス、本人の消去や削除等の請求に応じることができない当該国内への保存といった制度が事業者に義務付けられた場合などが考えられる。

　いずれも年に1回程度またはそれ以上の頻度で確認することとされている。自社内の内部規定などに、毎年実施する時期などを入れておき、また内部監査の項目に入れるなど、確実に実施、確認できる体制を整えておくことが必要だろう。

　②については、上記①の確認を含めて何らかの問題が生じた場合には、これを解消するために適正に対応しなければならないことを意味してい

る。個人情報の取り扱いに関する違反や漏洩等は契約に基づく是正の要請が基本的な対応となるが、契約に不備がある場合にはこれを改正する必要も出てくる。

　是正を要請したにも関わらず、合理的な期間内に問題が解消しない場合には個人情報の提供を停止する必要がある。

　また、ガバメントアクセスやデータローカライゼーションの問題が生じた場合には、リスクを検討する必要が出てくる。ただし、これらの制度があるから直ちに問題となるとは限らない。どのような場合に執行されるのか、例えばパンデミックや災害時のような公衆衛生上の危機の際に個人情報保護を最大限守ったうえでの最低限のアクセスなのか、恣意的な運用があり得るのかなど、リスクの可能性は千差万別である。このような観点から検討し、リスクが一定以上ある場合には、契約を終了させるなどの対応が必要になる。

　いずれにしろ、提供先との契約が極めて重要になるが、外国にある第三者との契約については、しっかりと専門家や弁護士と相談してほしい。

　③の本人の求めに応じて提供する必要がある「必要な措置」とは、ガイドラインで以下が例示されている。
（A国に所在する第三者に対し委託に伴う個人データの提供の場合）
• 基準適合体制の整備の方法
　　移転先との間の契約
• 移転先が講ずる相当措置の概要
　　移転先との契約において、特定した利用目的の範囲内で個人データを取り扱う旨、不適正利用の禁止、必要かつ適切な安全管理措置を講ずる旨、従業者に対する必要かつ適切な監督を行う旨、再委託の禁止、漏洩等が発生した場合には移転元が個人情報保護委員会への報告および本人通知を行う旨、個人データの第三者提供の禁止等を定めている

- 移転先の第三者が所在する外国の名称

　A 国
- 移転先による相当措置の実施に影響を及ぼすおそれのある当該外国の制度

　事業者に対し政府の情報収集活動への広範な協力義務を課すことにより、事業者が保有する個人情報について政府による広範な情報収集が可能となる制度が存在する
- 確認の頻度および方法

　毎年、移転先から書面による報告を受ける形で確認している
- 移転先による相当措置の実施に支障が生じた場合の対応など

　移転先が、契約上の義務を順守せず、相当措置の継続的な実施の確保が困難であるため、個人データの提供を停止した

　基本的に STEP9-7 で詳述した内容すべてが対象になると考えてよいだろう。従って、事前に公表する情報だけではなく、提供先との契約内容も含まれることになる。繰り返しになるが、越境移転における契約は極めて重要であるため、専門家や弁護士としっかりと相談してほしい。

コラム④

海外対応

　個人情報保護法では、企業などの個人情報取扱事業者が海外に個人データを第三者提供する場合については詳細に規定している。ところが、海外からの取得や越境移転する場合については何も書いていない。海外で個人情報を取り扱う場合には、基本的に当該国の法令に従うことになるので、これは当然のことである。

　一般的な注意事項は、当該外国内で個人情報を取り扱う場合と、日本を含む第三国へ越境移転する場合に分かれる。**外国内で個人情報を取り扱う場合**は素直に当該外国の法令通りに取り扱えばよく、最近は欧州の一般データ保護規則（GDPR）に倣ったものが多い。極論すればGDPR準拠で対応が可能となる。もちろん、国や地域により文化、宗教、習慣などの違いがあって、独自のものが規定されている場合もあるので、現地の情報を詳細に詰める必要はある。

　一方、**日本を含む第三国への越境移転**は日本から直接、当該外国の個人情報を取得する場合と、当該外国の事業者などに取得された個人情報を日本に移転する場合に分かれる。前者は、多くの国で「域外適用」と呼ばれる制度が採用されており、当該外国内での取り扱いと同じ義務が課せられ、日本の制度と合わせて二重規制になる可能性が高い。

　後者の当該外国で取得された個人情報を日本に移転する場合には、日本の制度と同様の外国にある第三者への提供の義務が課せられる場合が多い。欧州から移転する場合、日本は十分なデータ保護水準があるとした「十分性認定」により欧州並みの個人情報保護が認められているため、欧州内における規律と同様の方法で移転は可能になる。

　米国は州法で一定の義務がかかる場合はあるが、比較的自由である。アジア太平洋地域は国・地域ごとの違いが大きいが、アジア太平洋経済

協力（APEC）の「越境プライバシールール（CBPR、Cross Border Privacy Rules）」の認証を受けている事業者間では、一定の個人情報保護が整備されていることが認められており、こちらも比較的移転させやすい。

問題となるのは「データローカライゼーション」と「ガバメントアクセス」である。例えば中国の場合、2021年に成立した個人情報保護法がある。その内容の多くはGDPRに類似しているが、中国で取得された情報は国内に保存しなければならないという条項が存在する。また、国家情報法において、国民と組織は政府による個人情報を含む情報活動に協力することを義務化している。このため、日本からの越境移転では個人情報が政府に検閲や取得されるおそれがあり、中国から日本への移転では中国における営業の秘密などが窃取される可能性が否定できない。これは中国に限らず、独裁傾向の強い国や発展途上国で増えており、十分に注意する必要がある。

個人情報を海外で取り扱う場合、海外から越境移転をする場合は、国内の個人情報保護法とは異なる場合が多く、当該外国からの罰則を受ける可能性もある。このため、情報収集だけではなく専門家とよく相談することが重要である。

STEP10
利用者の関与（開示等）

STEP 10-1
利用者の関与の概要

> ・6カ月以内の短期保存データも保有個人データとなる
> ・利用者の関与を確保するために、利用目的の通知、データ内容や第三者提供記録の開示、訂正、利用停止、苦情などへの対応が求められている
> ・裁判所への訴えについて明文化されている
> ・利用者が求めることができる開示方法に電磁的記録が追加され、データポータビリティーへの対応が示唆されている

　利用者が求める開示や利用停止などの請求に対応しなければならないのは保有個人データに対してであるが、2022年施行の改正で、これまで6カ月以内に消去する短期保存データは保有個人データではないとされていた規定が撤廃された。これにより、個人情報取得と同時にデータベース化するなど検索可能な方法で保存した場合には、ただちに開示や利用停止等の請求に対応しなければならない義務が発生することになる。

　よく誤解されるが、個人情報を取得すると同時、またはごく短期で特定の個人を識別できない情報に加工して保存した場合に、この加工した情報に対する開示や利用停止等の請求には対応する必要はない。対象となるのは保有個人データであるからだ。

　一方で、特定の個人を識別できない情報へ加工する前の保有個人データの場合には対応しなければならない。ただし、加工後にただちに消去してしまった場合には、すでに保有個人データを保存していないことになり対応の必要はなくなる。

　気を付けなければならないのは、特定の個人を識別できない情報を保存する場合であっても、最初に取得するのは個人情報であるため、こちらの

規定は順守する必要がある。具体的には利用目的の特定であり、公表または通知の義務がある。

　2022年施行の改正では利用者の権利が拡大されている。利用者の知りたい、訂正してほしい、利用を停止してほしい、消去や削除をしてほしいなどといった要求について、利用者の権利や個人情報取扱事業者の義務、手続きなどの充実が図られている。

　これまでは目的外利用や不正取得、第三者提供の義務違反など、違法な場合のみ利用停止や消去に応じる義務があったが、利用する必要がなくなった場合、重大な漏洩があった場合、本人の権利または正当な利益が害されるおそれがある場合に拡大されている。また、開示の方法もガイドラインでは電磁的記録を中心とするような記述となっており、今後のデータポータビリティーへの布石と考えて対応を進める必要がある。

　利用者の求めが拒まれた際の裁判所への訴えについては前回の改正時に定められているので、利用者の権利の拡大に伴っての対応の体制や内規などの充実もおろそかにできない。

　対応しなければならない内容は以下である。

１．利用者が求めることができること
　保有個人データの利用目的の通知
　保有個人データの内容の開示（開示等）
　保有個人データの内容の訂正、追加または削除（訂正等）
　保有個人データの利用停止または消去（利用停止等）
　保有個人データの第三者提供記録の開示
　　※提供者側、受領者側の両方

２．個人情報取扱事業者が行うべきこと
　保有個人データに関する事項の本人への周知

　利用者の求めへの対応
　利用者の求めに応じることができない場合の理由の説明（努力義務）
　利用者からの苦情への対応

STEP 10-2
利用者への周知

> ・義務としてだけではなく、利用者の安心感や信頼感の向上、不要な
> 　問い合わせの削減につながるものである

　個人情報を取り扱っていると、利用者から様々な質問や苦情、要求がある。漏洩や炎上などの場合を除き、これらが多い場合は、利用者への説明が不足していたり曖昧であったり、説明箇所が分散していたりして、分かりにくい状態にあることが原因であることが多い。

　従って、利用者対応については体制を整えるだけでなく、利用者への説明についても逐次見直して、分かりやすいものとするよう努める必要がある。

　十分な説明をするうえで最も重要なポイントは、以下の事業者の義務とされている公表すべき内容を本人の知り得る状態に置くことである。

①個人情報取扱事業者（自社）の氏名または名称、住所
　（法人の場合には代表者の氏名）
②全ての保有個人データの利用目的
　（利用目的から合理的に予測・想定できない場合は処理の方法）
③安全管理措置のために講じた措置
④越境移転がある場合には、当該外国の名称、個人情報保護制度

⑤利用者の求めに応じる手続きの方法及び手数料（定めた場合）
⑥苦情の申し出先
　（認定個人情報保護団体の対象事業者はその名称と苦情の申し出先）

　②の利用目的が本人の知り得る状態に置かれていなかった場合、本人から利用目的の通知を請求された際に遅滞なく通知しなければならなくなる。知り得る状態に置くことで、利用者の安心感や事業者への信頼感を高めるだけでなく、問い合わせへの対応を減らすことにもつながる。

　⑤の手続きの方法を定めていなかった場合には、利用者の指定する方法に従わなければならなくなる。手数料についても定めた場合には掲出していなければ無効とされるので、注意してほしい。手数料の金額をどうするかはケース・バイ・ケースだが、実費を勘案して合理的であると認められる範囲内とされている。

　ただ、当然のことではあるが、利用者の求めを減らすために高額にするようなことは認められない。また、手数料を徴収できるのは、本人の保有個人データの利用目的の通知、内容の開示を請求された場合だけであるので注意してほしい。

　⑥については、自社の連絡先だけでなく、認定個人情報保護団体の対象事業者となっている場合には、その団体の名称と申し出先の掲出も必要である。

　これらの事項は、一般的にプライバシーポリシーに記載すべきものであるが、利用者に知らせるものとしては非常に重要なものである。安心感や信頼感の向上につながるものとして、簡潔であっても十分な説明が必要であると同時にできるだけ分かりやすい場所への掲載が重要となる。さらに、これにより不要な問い合わせや手間を減らせることにもなるだろう。

STEP 10-3
利用目的の通知、データ内容、第三者提供の記録の開示等

・利用目的の通知は、基本的に取得の際に通知または公表しているものであり、取得の際だけでなく、常に本人が容易に知り得る状態に置いておくことで、不必要な請求を減らせるものである
・保有個人データの開示については、慎重を期す場合があり、それに対処できるよう法令も整備されているので、安易な対応とならないよう気を付けなければならない
・第三者提供の記録の開示対象は、提供する側、受領する側の両方

　保有個人データの利用目的の通知、内容の開示を求められた場合は、原則として遅滞なく通知または開示しなければならない。しかしながら、不用意に通知、開示すると様々な問題が引き起こされることがあるため、開示しないとすることができる場合がある。

　利用目的の通知に関しては、本人が知り得る状態に置かれている場合、利用するサービスの目的や物販における配送などのように利用目的が自明の場合には、請求に応じる必要はない。それ以外では、個人情報を取得する際に本人に通知または公表の例外とされたものについては通知しなくても構わない。

　保有個人データの内容の開示を請求された場合は、少し特殊な事情の場合がある。いわゆる極端なクレーマーや反社会勢力、犯罪に関連する当事者、なりすましによる盗用を目的とする者からの請求に対して、拒否できるように法令で手当てされている。

　これらの例外事項は、通知や開示することで大きな被害や問題が発生しないようにするためのものである。従って、請求があったときに機械的に

図表10-1　通知、開示の例外

	利用目的の通知	保有個人データの開示
本人の知り得る状態に置かれており利用目的が明らかな場合	○	
生命、身体、財産その他の権利利益を害するおそれがある場合	○	○
事業者の権利又は正当な利益を害するおそれがある場合	○	
国の機関又は地方公共団体が法令の定める事務を遂行することに対して協力する場合に事務の遂行に支障を及ぼすおそれがあるとき	○	
取得の状況から見て利用目的が明らかな場合	○	
事業者の業務の適正な実施に著しい支障を及ぼすおそれがある場合		○
他の法令に違反することとなる場合		○
他の法令により開示されている場合		○

通知や開示するのではなく、しかるべき責任者が確認や判断をしたうえで行うようにフローを整えておきたい。

　2022年施行の改正では、第三者提供の記録についても開示が認められるようになった。詳細はSTEP7を参照していただきたいが、これは受領した側も対応しなければならないので注意が必要だ。

　一方、通知や開示を拒否した場合にも、その旨本人に通知する必要があり、理由の説明に努めなければならない。また開示については、請求があった日から2週間が経過すると裁判に訴えることが可能になるので注意してほしい。

STEP 10-4
保有個人データの訂正、利用停止等

> ・基本的に間違いや違法な取り扱いがあった場合、本人の権利または
> 　正当な利益が害されるおそれがある場合の請求には、遅滞なく対応
> 　しなければならない

　データに関わる本人は、自身の保有個人データの内容が間違っていると
きは、訂正、追加または削除を請求できる。適正に取得されていなかった
り利用目的に反していたりする場合には利用の停止または消去を、違法に
第三者に提供されている場合には提供の停止を請求できる。

　20022 年施行の改正では、本人の権利または正当な利益が害されるおそ
れがある場合にも対応することが追加された。

　いずれの場合も、請求された個人情報取扱事業者は、これが事実であっ
た場合にはただちに対応し、対応内容を本人に通知しなければならない。
請求内容が事実と異なる、あるいは請求の理由が不当な場合は拒否するこ
ともできるが、この場合も本人に通知しなければならない。また、その理
由についても説明することに努めなければならない。

　ただし、請求があった場合は機械的に対応するのではなく、まず請求者
が本人であるかの確認、代理人の場合は正当な代理人であるかの確認をし
なければならない。そのうえで、請求が事実かどうか、他の法的な手続き
があるかどうか、請求の理由が正当なものであるかなどを調査し、対応の
可否やどのような対応がよいかを検討、判断すべきである。

　場合によっては多額の費用がかかったり、請求通りの対応が困難であっ
たりする場合もあり得る。そのような場合は、違反を是正できるのであれ
ば、他の方法でも構わないとされている。対応した場合にも、対応内容に

図表10-2　訂正、利用停止等の請求への基本的な対応

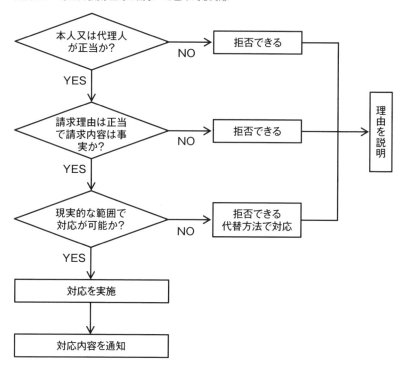

ついて通知しなければならない。気を付けなければならないのは、請求が
あった日から2週間を超えると、裁判に訴えたり、仮処分命令を申し立て
たりすることが可能になることである。

STEP 10-5
開示等に関する手続き

・請求を受け付ける方法を定めなければ、請求者の求める方法に応じ
　なければならなくなるので、必ず定めるようにすべきである。
・特に、なりすましなどを防止する方法を定めることが重要である。
・開示方法に原則として電磁的記録を含めることが求められている

　本人からの請求に対して、受け付けるための方法を定めることができる。これは、請求をする者、受ける者の両方にとって、負担を減らしてスムーズな手続きができるようにするためのものである。請求を困難にさせるような方法は認められない。定めた方法以外による無理な請求を防ぐためのものでもある。

　また、開示などに関する請求は代理人でも可能とされているので、代理人として認められる者についても規定があり、未成年者または成年後見人の法定代理人、本人が委任した代理人とされている。

　特に重要なのが、なりすましにより個人情報が漏れないようにすることである。本人の確認と代理人の確認についても事業者側で必要な提出書類などを定めることができるようになっている。

　手続きを定めなかった場合は、請求者の求める方法に応じなければならなくなるので、必ず定めるようにしておきたい。

　2022年施行の改正では、開示の方法に原則として電磁的記録を含めることとされた。電磁的記録方法とは、CD-ROMなどの媒体の郵送、電子メール、Webサイト上でのダウンロードなどが代表的であるが、事業者はファイル形式や記録媒体などの具体的方法を定めることができる。この場合に可読性・検索性のある形式による提供が望ましいとしているが、個人情報保護委員会は、これをデータポータビリティーへの対応と示唆するような

発言もしている。

　今後のことを考えると、単に個人データのデータベースをコピーしただけのような電磁的記録ではなく、標準化や体系化された形式の電磁的記録の提供ができるようにする必要が出てくるだろう。

　さらに、手続きを定めた場合および手数料を定めた場合は、本人が知り得る状態に置くか、本人から請求方法の問い合わせがあった場合にすぐに回答できるようにしておかなければ、無効となってしまう。これらにも注意してほしい。

STEP 10-6
苦情処理

> ・苦情処理は、窓口だけでなく体制の整備を求められている
> ・苦情処理だけでなく、積極的に利用者との信頼関係を構築するためにプライバシーポリシーの策定と公表を推奨している

　個人情報の重要さに鑑み、必ず連絡が取れる窓口を設け、苦情や問い合わせがあった場合は迅速かつ適切に対応し、また対応できる体制を用意しておくことが求められている。

　苦情の申し出先については、認定個人情報保護団体の対象事業者となっている場合、その団体の名称および苦情受付窓口も含めて本人の知り得る状態に置かなければならない。

　苦情処理の窓口については、一般的にプライバシーポリシーの中に記載されることが多い。そのため、利用者は何らかの問題や疑問があった場合には、プライバシーポリシーを読むこととなる。そこでガイドラインでは、「消費者など本人との信頼関係を構築し事業活動に対する社会の信頼を確

保する」ことを目的とするプライバシーポリシーやステートメントの策定
と公表を推奨している。同時に、業務委託がある場合には委託内容を明ら
かにするなど、法令では言及されていないことにも触れられている。

　これらはプライバシーマーク（Ｐマーク）や個人情報保護指針などで求
められてきたことであり、認定されていない事業者に広めようとしている
ものと考えられる。従って、特にこれまで個人情報の取り扱いについて比
較的規制が緩やかだった中小企業も、プライバシーポリシーの策定および
公表や委託業務の透明化は必須であると考えるべきであろう。

STEP11

利用目的、取り扱いの変更、追加、削除

STEP11-1
個人情報取り扱いの変更に関する課題

> ・取得した個人情報の流通が複雑化しているが、法令では想定されて
> いない場合も多い

　技術の急速な進化によるビッグデータの活用が可能となり、またビジネスモデルの変化も年々大きくなるなど、個人情報の活用範囲の拡大が続いている。これに合わせて、各事業者とも取得した個人情報の利用目的の変更や追加の要望が高まっている。

　情報銀行や代理機関、データ取引市場など、新たな個人情報の流通に関する制度や機能について、民間だけではなく政府・学術機関も含めて検討が進められている。

　しかしながら、現在の個人情報保護法は、加速度的に進む今後の個人情報の利活用に対して、一部制限の緩和が盛り込まれてはいるものの、十分に検討され、対応できるものとはなっていない。

　本STEPでは、個人情報を取り扱ううえで直面する様々な変更や今後の新たな潮流に対して、法律を順守しながら対応するための注意点や対策について言及していく。

STEP 11-2
利用目的の変更

> ・利用目的の変更をする場合は、原則として本人の同意が必要である
> ・一般人の判断による客観的な基準で、当初の利用目的から予期され

> る範囲の変更や追加であれば、本人の同意は必要とされない
> ・オプトアウト手続きで第三者提供する場合、当初の利用目的に第三者提供が含まれていなければならない
> ・同一事業者内であれば、仮名加工情報とすることで利用目的を変更することができるが、変更後の利用目的を公表する必要がある

　利用目的の変更とは、当初の利用目的の通知または公表の際に含まれていなかったものすべてが対象となり、追加も変更と同じである。

　利用目的を変更する場合には、原則としてあらかじめ本人の同意を得る必要がある。ただし、変更前の利用目的と関連性を有すると合理的に認められる範囲であれば、本人の同意は必要ではない。もっとも、この場合にも本人に通知し、または公表することが義務化されているので、しっかり対応しなければいけない。

　変更前の利用目的と関連性を有すると合理的に認められる範囲とは、「一般人の判断において、当初の利用目的と変更後の利用目的を比較して予期できる範囲」とある。客観的に判断されるものとされている。

　しかしながら、実際には利用者からみて納得できるか否かで判断されることであり、いわゆるコンテキストに沿っているかどうかが問われることになる。ケースバイケースで考えざるを得ないため、個人情報保護委員会からQ&Aで事例などが公表されているので、そちらを参照していただきたい。

　上記にかかわらず、目的外の利用について例外的に本人の同意が不要な場合は以下である。

①法令に基づく場合。
②人の生命、身体または財産の保護のために必要な場合であって、本人の同意を得ることが困難であるとき。
③公衆衛生の向上または児童の健全な育成の推進のために特に必要な場合

　であって、本人の同意を得ることが困難であるとき。
④国の機関若しくは地方公共団体またはその委託を受けた者が法令の定める事務を遂行することに対して協力する必要がある場合であって、本人の同意を得ることにより当該事務の遂行に支障を及ぼすおそれがあるとき。

　また、利用目的の変更の同意を得るために、メールや電話をする場合の個人情報の利用は、目的外利用には該当しないとされているので、安心してほしい。

　利用目的の変更において、特に注意が必要なのは個人データを第三者に提供することを新たな目的とする場合である。個人情報の取得のときに本人に通知または公表する際に、利用目的の中に「第三者提供」が含まれていない場合には、オプトアウト手続きにより第三者提供をすることができない。
　オプトアウト手続きは、あらかじめ第三者提供が利用目的として通知または公表されている場合にのみ可能となるものであるので、新たに第三者提供する場合には必ず、まず利用目的の変更について本人の同意を取得しなければならない。

　また、事業者内の個人情報保護に関する管理をしている部門などは、知らない間に事業現場が特定された利用目的を越えた利用をしていることがないように、チェック機能を働かせる体制を整えなければならない。もちろん、従業員への教育も重要な事項である。利用目的の変更には高度な判断が必要となるので、対策としては、これまでと異なった個人情報の扱いや処理をする場合には、必ず管理部門への連絡を徹底させる以外ない。
　事業環境の変化が急激な中で、煩雑な対応を強いられることになる可能性はあるが、経験の積み重ねがない限り、規格化されたルールを設定する

ことは難しいだろう。

　利用者から同意を得るための方法にも留意してほしい。利用者が最も不安を感じやすいのが、自身の個人情報が何に使われるかにある。そのため、説明不足や事実誤認を招く説明、他の同意事項などに紛れ込ませたような同意取得などは、炎上あるいは当局の指導などを招く事例の代表的なものである。

STEP 11-3
取得する個人情報の追加または廃止

> ・取得する個人情報を追加する場合、利用目的の変更がなくとも本人への通知または公表が必要である
> ・取得を廃止した個人情報については、遅滞なく消去する努力義務があるが、第三者提供していた場合には記録義務があるので注意が必要である

　利用者の属性や行動などをより詳細に把握したい、あるいは新たな利用目的のために取得する個人情報を増やしたいと考えることも非常に多いだろう。利用目的の変更を伴わない場合には、本人への通知または公表で問題ないが、ここも利用者視点でコンテキストに沿ったものであるかを確認する必要があるだろう。利用目的の変更に当たると考えられる場合には、前項の通り、本人の同意を得る必要があるので注意してほしい。

　一方、これまで取得していた個人情報が不要になる場合もある。まず、利用目的そのものが無くなる場合は、利用目的を特定し通知または公表す

るという規定から考えると、公表されている利用目的の記載から削除すべきであろう。

　法律に忠実であろうとすると、目的の変更に該当するものではあるが、本人の同意を得る必要まではないだろう。ただし、変更があったことを通知または公表しておくのが望ましい。また、プライバシーポリシーなどに取得している個人データの項目として記載がある場合には、これも削除しておかなければならない。

　利用目的に変更はないが、目的達成のために他の情報を使うなどで、これまで取得していた個人情報が不要となる場合は、プライバシーポリシーなどで公表している個人データの項目の記載から削除すればよいだろう。

　以上は利用者との関係での対応であるが、これだけでは不十分だ。不必要になった個人データが残ってしまっていると問題になる。利用の必要がなくなった個人データは遅滞なく消去することに努めるよう求められているからだ。

　ただし、第三者提供を行っている個人データに、消去したものが含まれていた場合には、注意が必要だ。第三者提供の記録義務があるからだ。

　特にデータベースそのものを記録としている場合には、うっかり項目ごと削除してしまうと記録義務違反となりかねない。個人データの消去とは、物理的に削除することだけを意味するのではなく、使えないようにすることであると定義されている。従って、記録義務の期間が過ぎるまでは、フラグなどを立てて使えないようにするといった対策を施しておけばよいだろう。

STEP 11-4
共同利用に関わる事項の変更

> ・共同利用は、あらかじめ本人に通知し、または本人が容易に知り得
> 　る状態に置かなければならない事項があるため、変更内容を伝えな
> 　ければならない
> ・ただし、共同して利用される個人データの項目、共同して利用する
> 　者の範囲、利用目的を変更する場合にはあらかじめ本人の同意を得
> 　る必要がある

　共同利用の場合、あらかじめ下記の事項について、本人に通知し、また
は本人が容易に知り得る状態に置かなければならないことになっている。
従って、これらの事項に変更がある場合には、あらかじめ変更内容を本人
に通知し、または本人が容易に知り得る状態に置かなければならない。た
だし、同意が必要な場合もあるので、注意してほしい。

①共同利用する旨
　共同利用を取りやめる場合は、利用者に大きな影響があるものではなく、
法令でも特に言及はないが、その旨を本人に通知し、または本人が容易に
知り得る状態に置くのが望ましいだろう。

②共同して利用される個人データの項目
　個人データの項目を変更する場合は、あらかじめ本人の同意を得ること
が必要である。

③共同して利用する者の範囲
　こちらも変更する場合には、基本的にあらかじめ本人の同意取得を要す

る。ただし、事業者の名称変更や事業承継の場合は、そのまま利用が可能である。あらかじめ本人へ通知し、または本人が容易に知り得る状態に置くことは必須なので忘れないように。

④利用する者の利用目的

　利用目的の変更については、社会通念上、本人が通常予期し得る限度と客観的に認められる範囲内であれば、本人の同意は必要ないが、あらかじめ本人に通知し、または本人が容易に知り得る状態に置かなければならない。

　一方、上記の範囲を超える変更を自社ではなく共同利用先の事業者が行う場合、自社のデータの利用目的についても変更されることになるので、同意が必要となる。共同利用とは、共同で責任を負うことでもあるので、共同利用する事業者間で緊密に連携することが必要である。

⑤個人データの管理について責任を有する者の氏名または名称

　変更する場合には、あらかじめ本人に通知し、または本人が容易に知り得る状態に置く必要がある。

STEP 11-5
ビジネスモデルの変更に伴う個人情報の取り扱いの変更

> ・個人情報を扱うプラットフォーム型ビジネスでは、各プレイヤーの
>   関係を明確にすることが重要になる
> ・個人情報のマーケットプレイスでは、最初に個人情報を取得する事
>   業者によるライフサイクル全体の管理が求められる

　新たなビジネスが、技術の進化に伴って次々と興っている。例えば、これまで自社の従業者や会員向けに行っていたサービスを他社に提供してもらうようなことが増えている。この場合、他社にサービスを委託するのか、会員の個人データを第三者提供して行うのか、共同利用とするのかによって、個人情報の取り扱いを変更しなければならない場合が出てくる。

　特にサービス提供者がプラットフォーム型の場合は、多数の事業者と契約を行い、集まった個人データの利活用を考えている場合もあり、複雑さが増すことになる。

　自社内で行っていたものを他社への委託に変更する場合は、個人情報の取り扱いに関して法令上求められることは特にない。ただし、利用者からすると個人データが第三者に提供されたように見えてしまう。このような変更の場合も、委託先の監督などについて説明し、利用者の理解を得るようにすべきであろう。

　第三者提供で行う場合には、もちろん本人の同意を得る必要がある。また、共同利用となる場合は、さらに共同利用に関する公表の義務があるので注意してほしい。

　まさにケースバイケースで様々なパターンがあるが、利用者からみた場合にサービスの主体が誰であるかが明確でなければならず、その実態に伴った個人情報の取り扱いがされていなければならないことに変わりはない。

　特に分かりにくいのは、雇用主や事業者が、従業者や会員の個人情報の取得をサービス提供事業者に委託する場合だ。この場合、従業者や会員と直接接触するのは、サービス提供事業者であるため、雇用主や事業者との関係の見通しが悪くなりがちである。

　ましてや個人情報を取り扱う事業者が変更になるような場合は、ますます分かりづらい状況となる。法律に則って対応することは当然のことであ

るが、それ以上に十分な説明が必要だと考えてほしい。特にこのタイプの変更は、本人の同意が必要となる事項が含まれている場合が多く、説明が不十分だと適正な取得と認められない事態になりかねない。

　また、本人が自身の所属する事業者や組織から、自身の個人情報を他の事業社や組織に移転するといった場合もある。いわゆる「データポータビリティー」といわれるものである。個人情報保護法は現時点ではデータポータビリティーを想定した規定は存在せず、今後の課題となっている。

　データの移転の方法としては、本人が情報を取得して移転する場合と所属するところから直接移転する場合が考えられる。前者の場合は完全に本人のコントロール下にあるので、個人情報保護法の範囲で取り扱う限り、特にいずれの事業者も留意する点はない。しかし後者の場合、本人、移転元、移転先でなんらかの取り決めなどをしておく必要があるだろう。

　本人指示のもとに移転する保有個人データの特定や移転元のデータの廃棄の可否、移転元でアップデートされる場合のデータの取り扱いなどについては、形式的には第三者提供に該当する。両者の記録・確認義務への対応などについて合意を形成しておくことが望ましい。

　複数の事業者が関係するようなビジネスやサービス提供では、最終的な消費者である利用者視点で、分かりやすく合理的に各プレイヤーの関係性とそれぞれの責任を明確にしたうえで、個人情報の取り扱いを決めることが重要になる。特に同意取得の困難さなどを理由とする安易な個人情報の取り扱いに関する変更は控えるべきだ。

　さらに今後は、個人データに関するマーケットプレイスの成長が予想され、それに伴って様々な有益なサービスの登場が期待されている。ただ、利用者からすると本人の個人データの流通経路がますます見えづらくなってしまうことでもある。そのため利用者の不安感や不信感を増幅しかねない。

　一方で、これらのサービスを有効に使うことで事業者はコストをかけず

により良いサービスを提供できるようになり、利用者にとってもメリットは大きい。従って、このようなサービスを積極的に活用したいと考えるのであれば、本書の前半で説明したような「情報の見える化」や、ライフサイクルにおける適正性の確認をしっかりと行う必要がある。そのうえで、外部との接続についても同様に見える化し、外部を含めた個人情報全体のライフサイクルに対して適切な対応ができるようにしなければならない。

STEP12

安全管理措置
（個人情報保護のための社内体制）

STEP 12-1
安全管理措置の概要

- ・安全管理措置の根幹は、個人情報の違法な取り扱いの防止とセキュリティー対策の２点である
- ・中小規模事業者には一定程度の配慮はされているが、基本的な考え方は同じ
- ・安全管理のために講じた措置を公表しなければならない

　個人情報取扱事業者には安全管理措置が義務付けられている。主たる目的は違法な個人情報の取り扱いを防止することと、漏洩の防止にある。

　前者については、本書にて詳述している内容を従業者に理解させ守らせることである。後者については個人情報に特有のものではなく事業者のセキュリティー対策の一部であり、技術的側面が大きな割合を占めている。

　また、2022年施行の改正では、安全管理のために講じた措置を公表しなければならなくなった。これは、利用者が判断するための材料を提供すべきであるという利用者の権利の拡大と軌を一にすると同時に、事業者が信頼を確保するために必要であると考えられたと見てよいだろう。

　さらに同改正では、外国にある第三者への提供の場合、当該外国の個人情報保護に関する制度を把握したうえで安全管理措置を行うことが追加されている。この場合、例えば国家が個人情報を取り扱えるような制度（ガバメントアクセス）の有無によるリスクについても検討することが含まれている。

　具体的な安全管理措置については、極めて項目が多く、事業内容や事業規模によっても大きく異なる。このため本書では考え方や注意事項のみを解説するものとし、詳細は別途、個人情報保護委員会のガイドライン、官

公庁や業界団体の各種ドキュメント、書籍などを参照していただきたい。

　従業員100人以下の中小規模事業者には負担が大きいことから、一定程度配慮はされている。ただ、基本的な考え方に違いはない。漏洩が起きた場合の責任も減じられることはないので、中小規模であるからといって対策をおろそかにできない。

　中小規模事業者として配慮される理由は、大規模な個人データを扱っておらず、個人データを扱う従業者が少ないということにある。そのため事業者の規模に関わらず、扱う個人データが5000件以上（過去6カ月以内のいずれの日においても）の場合や委託業務として行う場合には配慮されない。

　安全管理措置の骨子は以下の6項目である。

1．基本方針を策定
2．個人データの取り扱いに係る規律の整備
3．組織的安全管理措置
4．人的安全管理措置
5．物理的安全管理措置
6．技術的安全管理措置

　基本方針の基に様々な対策を施すこととなるので、まず基本方針を策定して各項目に対応するマニュアルを整備したうえで、これに則って運用する、というのが順当な手順となる。

　もっとも、すでに様々な対策を個別にしていたり、情報セキュリティマネジメント（ISMS）やプライバシーマーク（Pマーク）取得のために整備していたりする事業者も多いだろう。その場合には個人情報保護委員会や各省庁のガイドラインを一読して、過不足がないか確認すると同時に必要に応じて対策を追加すればよいだろう。また、Pマークや、その元となる

「JIS Q 15001:2017」については、法改正に合わせた改訂も随時行われるので、こちらに合わせればよいだろう。

　安全管理措置は抜け漏れが起きないように広範囲かつ細部にわたって検討し、具体的な対応策を策定しなければならない。このため事業者自身が単独で行うのは簡単ではない。従って、セキュリティー対策が徹底していることを証明する「ISO27001（ISMS 認証）」やＰマークに代表される社会的に認められた認証を取得することで、要件を満たすという方法も選択肢となる。

　個人情報保護委員会のガイドラインには事例がほとんど掲載されていないものの、Q&A に参考情報が記載されている。公表されている経済産業省のガイドラインなどでの事例は、おおむね継承されることになると考えられるので、こちらも参考にしてほしい。

STEP12-2
基本方針

> ・基本方針は、内部のガバナンスと利用者との信頼関係構築の両面を一つにまとめたものであり、プライバシーポリシーとして公表するのが一般的である

　個人情報保護委員会が想定している個人情報保護に関する基本方針とは、いわゆるプライバシーポリシーと呼ばれるものである。プライバシーポリシーを内部向け、外部向けなどと分けるのではなく一本化して、事業者としての姿勢や思想も含めて、内外に宣言するものであると考えるべきだ。

　利用者はプライバシーポリシーを見て、事業者の信頼性を判断することにもなる。そのため、必要事項だけまとめた事務的なものではなく、順法意識や社会貢献意識の訴求、利用者とのより良い関係性の構築を目指すものであると認識してほしい。また、このプライバシーポリシーは事業者内の管理を規定する根幹ともなる。内部のガバナンスに実効性を持たせるものでもある。

　これらを合わせて考えると、プライバシーポリシーは事業者の担当部署だけの権限で決められるものではない。組織全体として策定されるべきものであり、その証として経営トップによる署名が求められるものである。

　記載すべき項目の例とされているのは、事業者の名称・住所・代表者名、関係法令・ガイドラインなどの順守の宣言、安全管理に関する事項、質問および苦情処理の窓口などとされている。

　プライバシーポリシーは、利用者がサービスの利用や登録などの際に最初に読んでいただくべきものでもある。長文は避けて簡潔なものにしたい。

　一方で、利用者が関与できる内容（オプトアウト、開示・訂正、問い合わせ窓口など）については、できるだけ利用者に近い場所に示すべきである。いくつかの望ましいとされる要件もある。これらを総合的に勘案して、最終的には利用者視点で有益な情報となるようにまとめる必要がある。

　特に避けたいのは、自社を守るために事細かに規定や説明を盛り込んで肥大化することだ。必要な事項と自社の姿勢だけを簡潔にまとめ、それ以外はプライバシーポリシーの各項目と対応させながら別途記載するなど、構造化を考えるべきであろう。

STEP12-3
規律の整備と安全管理措置

> ・具体的な安全管理措置は組織的、人的、物理的、技術的の４項目
> である
> ・越境移転している場合には、当該外国の個人情報保護制度に鑑みた
> 安全管理措置を講ずる必要がある
> ・４項目についての規律を策定し明文化することが規律の整備である

　具体的な安全管理措置は、組織的、人的、物理的、技術的の４項目から
なり、これらの基となるのが「個人情報の取扱いに係る規律の整備」とさ
れている。

　本書では個人情報のライフサイクルとして表現しているが、見える化し
た各段階における個人情報の取り扱いについて、適正な方法や取扱者の権
限および管理方法などを定めるということである。具体的には、４項目に
ついて内部規定やマニュアルなどを策定し、必要に応じて就業規則や部門
の職務分掌規定などの社内規定にも追加することである。

１．組織的安全管理措置

　個人情報を取り扱う部署が複数になるのが一般的であるが、これを一元
的に管理できるように組織体制を整備することが求められている。

　近年の個人情報保護の重要性の高まりに合わせて、不祥事や漏洩の際に
担当者や部門だけでなく、事業者全体としての責任が問われるようになっ
ている。そのため、役員クラスの個人情報保護責任者（CPO、Chief
Privacy Officer）を置くとともに、第三者的な立場による監査を実施する
ことが求められている。中小企業では負担が大きいことから、義務化はさ
れていないものの、少なくとも全社的に責任関係が明確となるような体制

図表12-1　安全管理措置の構造

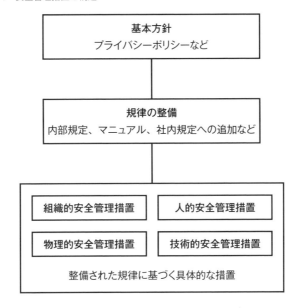

は必要とされている。

　また、規律通りの運用がなされているかを確認するために、作業の記録やシステムの記録、関係する契約書などの取引記録といったものについても整理して保管することが重要になる。

　さらに、違反やその兆候を把握できるチェック体制、違反や漏洩があった場合の対応体制を整備することも求められている。特に、漏洩があった場合には、個人情報保護委員会への届け出や本人への通知義務などもある。そのため、組織図だけ作ればよいというものではない。

　これらの組織は万が一のことが起こった場合、実際に稼働する体制でなければ、安全管理措置違反を問われることになる。つまり、この組織体制においては定期的に内部で報告や検討会をしたり、内部監査あるいは外部

図表12-2　組織的安全管理体制の例

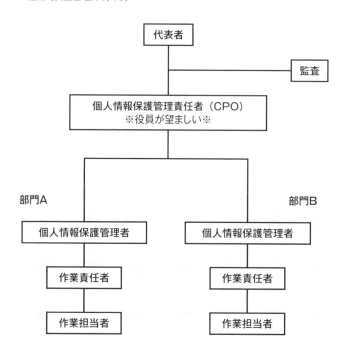

の第三者による点検や監査が行ったりする必要がある。

２．人的安全措置

　基本的な考え方は、従業者の個人情報に対するリテラシーを高める対策を行うというものである。研修計画を策定し、それに基づいて研修などを実行することとなるが、形式的なものに陥りがちだ。特に、社員ではない外注先や派遣元従業員の場合、短期間しか従事しない場合も多く、社員とのリテラシーの差が大きい場合も少なくない。漏洩事案などを見ると、こういった社員以外による場合が多いのが実情だ。従って、委託元や派遣元

に対する安全管理措置の徹底も必須になる。

　また、個人データの漏洩を防ぐため、就業規則などに記載される守秘義務の条項に、個人情報の取り扱いについての規定を追加することも重要だ。

３．物理的安全措置

　個人データが存在する場所や機器を守る対策を行うことが基本となる。セキュリティー対策の重要なものの一つである。

　サーバーなどの重要なシステムが設置されている場所の入退室管理については、比較的整えられているが、これを取り扱う人がいる場所の入退室管理については甘い場合が多い。また、パーソナルコンピュータ（PC）の中にあるデータの暗号化や外部媒体への持ち出し規制については進んでいるが、個人所有のスマートフォンやタブレット端末を持ち込む場合の対応が遅れているところも多い。

　今後も急速に機器やネットワークは多様化し、データの流通も増大、複雑化していくと同時に、従業員が個人データを扱う機会も増えていく。そのため、過去の対策はすぐに有効性を失うことになる。機器の更新や導入に関しては、機能やコスト面だけでなく、将来を見通した安全管理措置計画と並行して考えることが必須になりつつある。同時に、個人データを扱う従業員の ID 管理、個人データのトレーサビリティの確保などと合わせて、見える化と記録が重要なポイントとなる。

４．技術的安全措置

　ほとんどがセキュリティー対策である。特に技術の進歩に合わせて常により高度な対策に追われる部分であり、現実的には事業者内に高度なセキュリティー技術人材を擁するようにするか、外部の信頼できる専門家に依頼するかを選択しなければならないだろう。

　セキュリティー対策の情報収集に関しては、個人情報保護関連のサイトには詳しいことは掲載されていない。そのため、情報処理推進機構（IPA）、

内閣サイバーセキュリティセンター（NISC）などの公的機関をはじめ、日本情報経済社会推進協会（JIPDEC）などの業界団体の情報を参考にしていただきたい。

STEP12-4
漏洩時の対策

> ・個人の権利利益を侵害するおそれの大きい漏洩等は個人情報保護御委員会への報告及び本人への通知の義務がある
> ・漏洩時には多岐にわたる対応をしなければならないため、事前にリスク対策マニュアルとして用意しておきたい

1．漏洩等報告等の義務

　2022年施行の改正では、漏洩等が発生して個人の権利利益を害するおそれが大きい場合は、個人情報保護委員会への報告と本人への通知が義務化された。これは実際に漏洩等が発生したときだけではなく、漏洩等のおそれがある場合も含まれる。

　漏洩等とは、個人データが外部に漏洩することだけではなく、改ざん、毀損、滅失も含まれる。安全管理において個人の権利利益を侵害するおそれが発生した場合と考えればよいだろう。

　報告、通知を義務化された個人の権利利益を害するおそれが大きい漏洩等とは以下のものである。

① 1000件を超える漏洩等
②件数に関わりなく
　・要配慮個人情報の漏洩等

・財産的被害のおそれがある漏洩等

・不正の目的によるおそれがある漏洩等

　財産的被害が生じるおそれとは、漏洩などが起きた個人データを利用し、本人になりすまして財産の処分が行われる場合が想定されており、対象となった個人データの性質・内容等を踏まえ、財産的被害が発生する蓋然性を考慮して判断するとされている。ガイドラインではクレジットカード番号や決済機能のあるサービスにおける ID とパスワードの組み合わせが例示されている。

　パブリックコメント（意見募集）への回答では、例えば住所、電話番号、メールアドレス、SNS アカウントといった個人データのみの漏洩等は、ただちに財産的被害が生じるおそれがある漏洩等に該当しないとされている。

　財産的被害が明確に定義されていないため、金銭的な被害以外にどのような場合が含まれるのかが現時点では曖昧である。今後、個人情報保護委員会の Q&A などを確認する必要があるだろう。

　不正の目的とは、外部からの不正アクセスによる漏洩、改ざん、毀損、滅失や個人情報が記載された帳票、媒体の盗難、さらには内部の従業員や使用人によるものも含んでいる。また、ランサムウエアなどにより個人データが暗号化され復元できなかった場合なども該当する。

　上記と要配慮個人情報が含まれている場合は、たとえ被害が1件だけであっても個人情報保護委員会への報告と本人への通知義務が発生する。それ以外の場合は 1000 件以上の漏洩などが発生、もしくは発生したおそれがある場合において義務化されている。

　個人情報保護委員会への報告の方法は、速報と確報の2段階となっている。

　速報は漏洩などの事態を知ってから速やかに、目安としては3日〜5日

以内で、その時点で把握できている内容を報告することとなっている。たとえ漏洩などの発生が不確かであっても、おそれがある場合には、とにかく第一報を入れることと考えた方がよい。これは最悪を想定して対応するというリスクマネジメントの基本である。誤報であったとしても責任を問われるものではない。

　ある程度確認が取れるまで速報は控えておこうと考えてしまうと、どの程度まで状況が把握できれば報告できるかといった判断が必要になったり、個人情報保護委員会からの初期対応における有益な情報を得る機会を逸したりなど、プラスになることは何もない。気が付いたときにまず一報を入れることが、リスクマネジメントにおいては最良の方法であると考えるべきである。

　その後、30 日以内に確報を入れることとなっている。不正の目的による漏洩等の場合は 60 日以内である。この場合も、期限が重要であり、この時点までに求められる報告事項全てが判明していなくても、合理的な努力を尽くしていれば問題ない。漏洩などへの対処は発生事業者だけではなく、各関係機関が協力することで被害を未然に防いだり最小限にしたりすることができる場合も少なくないので、まずは事実の速やかな報告が最優先であると考えてほしい。報告の書式については、個人情報保護委員会が用意している。

　本人への通知についても、基本的には速やかに行う。ただし漏洩などのおそれが生じたものの事案がほとんど判明しておらず、その時点で本人に通知したとしても、本人が必要な措置を講じられる見込みがなく、かえって混乱が起こるおそれがあるなど、必ずしもただちに通知しない方がよい場合もある。このような場合は、個人情報保護委員会と相談して、対応を決めるとよいだろう。

　本人に通知ができない場合、例えば個人データの中に本人の連絡先が含

まれていない、連絡先データが古い、間違いがあるなどの場合は、事案を
公表し、問い合わせ窓口を設けること等が必要になる。

２．漏洩等の場合の対策

　いかに安全管理措置を高めたとしても、絶対、ということがないのが現
実だ。万が一の場合の対策を用意しておく必要がある。いわゆるリスク対
策であるが、個人情報の漏洩等の場合には、以下のことが求められている。
リスク対策マニュアルなどを作成する場合には必ず盛り込んでおきたい。

①事業者内部における報告及び被害の拡大防止
②事実関係の調査及び原因の究明
③影響範囲の特定
④再発防止策の検討及び実施
⑤影響を受ける可能性のある人への連絡等
⑥事実関係及び再発防止策等の公表

　以上については、誰が責任者として行うのかを事前に決めておかなけれ
ば混乱することになる。データフローの見える化やそれぞれの時点におけ
る担当者及び責任者を明確にしていれば、命令・指示系統もおのずと決ま
るので、組織的安全管理措置における組織体制の整備と合わせて組み込ん
でおくべきだろう。

　また、対外的な公表も含まれるので、経営層と広報などとの連携につい
ても組み込んでおきたい。個人情報だけでなく、匿名加工情報や仮名加工
情報についても、作成の元となった個人データまたは氏名と仮 ID の対照表
のような削除情報などは漏洩等の報告対象に含まれるので注意してほしい。

⑦関係機関への報告
　義務化された漏洩等以外でも、個人情報に関する場合は、原則として個

人情報保護委員会に速やかに報告するよう努力しなければならないが、認定個人情報法保護団体の対象事業者の場合は当該団体にも報告することになっている。また、個人情報保護委員会により事業所管大臣に権限が委任されている分野の事業者は、該当する事業所管大臣に報告しなければならない。

　実質的に外部への漏洩がない場合や、一部の軽微な漏洩の場合には、報告の必要がないとされる例は以下の通りだが、確信が持てない場合は相談も含めて関係機関へ報告する方がよいだろう。

　事故であれ事件であれ、初動が大切である。最近の傾向は、被害の拡大を少しでも減らすため、漏洩等のおそれがある段階で対外的な対応を始めることが多くなっている。

　①実質的に漏洩していないと判断される例は、データが高度な暗号化されている場合や個人を特定する対応表などが漏洩していない場合、閲覧される前にデータを回収できた場合、滅失や毀損だけの場合など第三者による閲覧が合理的に考えて不可能と考えられる場合とされている。
　②軽微な場合とは、メールやFAXの誤送信、荷物の誤配送などで宛名と送信者名以外に個人データなどが含まれていない場合である。

　漏洩のパターンは様々あり、外部からのハッキングやマルウエアなどによる場合は、セキュリティーに関するインシデントとして、経済産業省やIPAへの届け出も必要である。また、従業者などによる不正な利益を得るための行為や盗用、つまり持ち出して売買した場合などには直罰が設けられている。

　このように漏洩時には対応しなければならないことが非常に多く、対応に不備があったり、遅れたりした場合には、さらに非難を受けることになりかねない。できればリスク対策マニュアルに盛り込んでおきたい。

STEP12-5
委託先の監督

・委託先の監督とは、委託先が法律通りの安全管理措置を行っているかを確認することである

・再委託、再々委託と委託が続く場合、その責任はそれぞれの委託元にかかり、最終的には最初の委託元まで遡及される

　個人情報の取り扱いについて、事業者が他の事業者に業務を委託する場面が増えている。これは、ビッグデータの解析やAI（人工知能）の活用などで専門的なノウハウが必要になったことや、マイナンバーの導入に伴って事務作業量が増えたことなどが背景にある。

　法律では「必要かつ適切な監督」と記されているが、委託先の監督については契約書だけで済ませている場合も散見される。「必要かつ適切な監督」とは、自らが講ずべき安全管理措置と同等の措置が講じられるように監督することとされており、単に契約だけで十分ではない。何らかの方法で、委託先が十分な安全管理措置を講じていることを確認する必要があるだろう。

　ただし、自らが講ずべき安全管理措置とは、法律に定められた安全管理措置のことである。法律よりも高いレベルの安全管理措置を行っている事業者の委託先が、それに合わせる必要はない。

　確認の具体的な方法は、委託先選定の際にチェックし、安全管理措置について指示し、定期的に報告を求めることである。つまり、委託先に任せっぱなしにするのではなく、能動的に関与することといえるだろう。また、定期的に委託先の監査や業務内容の点検などを行うことが望ましいとされている。

　委託先が再委託する場合、委託先が再委託先に行うべき監督も同様であ

る。委託先が再委託先を適切に監督できていなければ、その責任は最終的に最初の委託元にかかってくるので、十分注意してほしい。

STEP12-6
安全管理措置としてのプライバシー影響評価

> ・今後、標準的な安全管理措置の確認手法となることが想定される

　個人情報保護については、プライバシー・バイ・デザイン（PbD、Privacy by Design）の考え方の基で、「プライバシー影響評価（PIA、Privacy Impact Assessment）」を実施することが有効とされている。法改正では盛り込まれていないが、すでに特定個人情報（マイナンバー）を取り扱うに当たっては義務化されており、個人情報保護委員会や経済産業省、総務省が様々な報告書などで推奨している。

　プライバシー・バイ・デザインとは、「プライバシー侵害のリスクを低減するために、システムの開発においてプロアクティブ（事前）にプライバシー対策を考慮し、企画から保守段階までのシステムライフサイクルで一貫した取り組みを行うこと」とされている。また、そのための手法として考えられたのが、プライバシー影響評価である。システムで使用されるプライバシー情報のビジネスプロセスとデータフローの分析や、プライバシーポリシーの順守に関するギャップ分析、インフラストラクチャーおよびセキュリティープログラムの影響度分析を行うことである。

　STEP1で述べた通り、個人情報保護対策はリスク対策の一つである。法令違反だけでなく、最近は特にSNS上の炎上や風評被害などのレピュテーション・リスクも大きなリスクとして捉えられている。これらのリス

クが顕在化するのを防ぐためには、個人情報の取り扱いに関する正確な情報と取り扱い方法に関する規律との間のギャップを事前に把握し、対策を施すことが重要になる。

　技術やビジネス環境の急激な変化が続く現在、完全にギャップを埋めることは難しいが、リスクの度合いは把握することができる。これにより、予期せぬ事態を少しでも減らし、万が一リスクが顕在化したときにもあらかじめ準備しておいた対応を迅速に行えるようにしておけば、結果的にリスクを最小限に抑えることできるようになる。また、プライバシー影響評価は、その性質上、安全管理措置の確認を行うことにもなるため、事業者としての義務を怠っていないことの証明にもなり得るだろう。

　プライバシー影響評価は、国際規格の「ISO/IEC29134」として 2017 年に国際標準として発行された。2021 年 1 月には日本においても「JIS X 9251」として発行されている。こちらについては STEP1-5 にて概要を説明している。現在、認定個人情報保護団体や業界団体においても、これを元に実務対応するための仕様化へ向けた作業が始まっている。公開されれば、個人情報保護の安全管理措置の標準として認められることになっていくことが予想されるので、動向に注意していただきたい。

STEP12-7
クラウドの利用

　サービスの提供や従業者の管理にクラウドサービスを利用することが増えている。また、自社でシステムを構築している場合にもデータセンターにシステムを置いていることも多いだろう。このような場合の個人データの取り扱いに関する契約に注意が必要だ。

　個人データを自社以外の事業者が預かる場合、基本的に委託、第三者提供、共同利用の３パターンである。従って、クラウドやアプリケーション・サービス・プロバイダー（ASP）、データセンターを利用する場合は、この３パターンのどれに該当するかについて、実態と契約を一致させて考えなければならない。

　その一方で、個人情報を預かっていないと考えられるものもある。クラウドや ASP では、その中で扱っているデータが何であるかを知らない場合、データセンターでは場所貸しやデータの保管場所（機器）を貸し出しているだけという場合には、第三者が預かっているわけではないという考え方である。

　クラウドや ASP、データセンターの事業者の場合、一般的に考えて個人データの第三者提供を受けることも共同利用することもないので、業務委託に当たるか否かを考えることになる。最終的には、個別に実態と契約内容を見て判断されることになる。

　最初に確認すべきことは、利用するクラウドや ASP、データセンターの事業者が、自社で個人データを扱っていることを「知っているか否か」である。知っている場合には、個人情報取扱事業者となってしまい、委託以外には考えられないことになる。

　次に確認すべきことは、これらの事業者が個人データについて、何らかの「処理を行うか否か」である。行っている場合には、個人データについての業務をしていることになる。

　最後に、上記について契約や利用規約でどのように取り決めているか、である。上記の実態と合っているか否かが重要になる。

１．個人データを取り扱っていることを知っている場合

　前述した通り個人情報取扱事業者になるので、委託しかありえないことになり、契約上も委託契約とする必要がある。当然、利用する事業者は委

託についての安全管理措置が求められることになる。

２．個人データを取り扱っていることを知らない場合

①個人データの処理を行っていない場合

　ソフトウエアやシステム、機器を貸し出しているのと同じであり、個人データの管理についての責任の全ては利用する事業者にある。従って、この場合の契約で重要なことは、利用するクラウドや ASP、データセンターが「機密情報に対して十分なセキュリティーを確保している」といった利用事業者の安全管理措置を充足できるものであるかにある。

　この場合のバックアップを取るといった処理は、あくまでもクラウドやASP、データセンターのセキュリティー確保を目的とした業務であり、データの内容を見ることなく処理を行っているという位置付けでなければならない。これらの実態があれば、契約形態は委託契約ではなく、サービスの利用契約になる。

②個人データの処理を行っている場合

　例えば、一定の保存期間を過ぎたデータを消去するなど、データに直接アクセスすることで実施するメンテナンスなどの場合である。このようなデータ処理は、直接個人データを見ることとなり、個人情報の取り扱いという実態があることになる。従って、サービス利用契約だけでは足りず、委託契約が必要になる。

　以上のように、実態によって契約形態も異なり、責任の所在も異なる。特に、外国の事業者のクラウドを利用するときは、サービス利用契約の形態となっているのが一般的で、契約内容も世界的に統一されており、日本の法律に合わせてはくれない。また、外国の事業者のクラウドでは、データの物理的な所在も日本国内とは限らず、この場合に委託とすると外国にある第三者への提供に該当し、原則として本人の同意が必要になってしまう。

　まとめると、サービス利用契約でクラウドなどを利用する場合は、個人データの管理や安全管理措置は、利用する事業者の責任で行うのが前提となるということである。従って、契約事項として十分なセキュリティーが確保されていること、データ内容にアクセスすることがないことなどが記載されているかが重要になる。

　一方、委託契約とするときは、委託の安全管理措置義務を果たせるような内容となっているかが重要になる。また、委託の場合には国内の事業者やサーバーか外国の事業者やサーバーかで対応が変わる可能性が出てくるので注意してほしい。外国の場合は、STEP9 を参照してもらいたい。

　また、最初に述べた通り、個々に実態を見てからの判断が必要となるため、最終的には専門家などの判断を仰いでほしい。ただし、現在一般的に行われていることや、世界的に認められていることが、ただちに無効になることはないと思われるので、必要以上に心配することはないだろう。

4.

プライバシーポリシーをどう書くか

4-1
プライバシーに関する透明性確保の動向

　消費者のプライバシー意識の高まりに合わせて、法例順守としてのプライバシーポリシーだけでは理解を得られず、信頼を得ることもできないと考えて、企業のプライバシーに関する考え方や利用者がコントロールできる機能を別途用意する企業が増えている。

　米グーグル（Google）や米フェイスブック（Facebook）をはじめとする巨大IT企業（Big Tech）や、「Yahoo! JAPAN」を運営するヤフー、LINEなどのプラットフォーム事業者、NTTドコモのような大手通信事業者が、より利用者に分かりやすく説明するためのプライバシー対応コンテンツを充実させており、これに追随する企業が増えてきている。

　公表する内容は大きく以下の点になる。
　　①プライバシーステートメント
　　②プライバシー関連情報の取り扱いに関する具体的な説明
　　③利用者が本人の情報を確認しコントロールできる仕組み

　国や地域によって、透明性を確保するために利用者へ情報提供すべき範囲や義務内容が異なるので、ここでは日本の制度にのっとって解説する。①のプライバシーステートメントについて、個人情報保護法上は「公表事項」が定められているだけで、ガイドラインや各省庁からも公表すべき事項は推奨とされているだけである。事実上、これらの内容をまとめて公表しているものがプライバシーポリシーや個人情報保護指針と呼ばれるものになっている。従って、プライバシーポリシーには法定事項や推奨事項などの事務的な必要事項が並ぶだけで、企業としてのプライバシーに関する考え方が反映されているものではないのが一般的だ。

　そこで企業としてのプライバシー保護についての考え方や姿勢、哲学などを表明するプライバシーステートメントと呼ばれる一種の宣言文が作成されるようになった。位置付けとしては環境保護の取り組みを宣言する「環境宣言文」や多様な人材の能力を活用する「ダイバーシティー」に関する宣言文などと同一と考えてよいだろう。

　②のプライバシー関連情報の取り扱いに関する具体的な説明は①の考え方を受けて、具体的にプライバシーに関連する情報や取り扱いをしているかを解説したものとなっている。

　さらに、利用者の情報の取り扱い状態を確認し、利用停止や消去などができるようにした機能が③の利用者が本人の情報を確認しコントロールできる仕組みである。一覧の中からクリックするだけで操作できるダッシュボードと呼ばれる機能が代表的で、採用する企業が増えている。

　一方で、プライバシーポリシーの肥大化にともなう弊害が問題になってきている。2022年施行の個人情報保護法改正でも公表事項が増えており、文章量が膨大過ぎて、利用者が読むのをあきらめる、内容が複雑になり過ぎて読んでも理解できないといった状況が悪化の一途をたどっている。プライバシーポリシーを丁寧かつ詳細にすればするほど、利用者に忌避されるという悪循環に陥り、かえって企業への信頼感が低下するという本末転倒な状況を招いている。これを解決するために、プライバシーポリシー以外の方法が模索されるようになったと言っていいだろう。

　また、専用のコンテンツを用意するのは負荷が大きすぎるものの、プライバシーポリシーは肥大化しているような場合には、概要版と詳細版に分ける等の工夫も考えられる。特にスマートフォンのように表示画面が限られる場合にはよく使われる手法となっている。

　利用者への透明性確保については、様々な方法が試されており、各企業の状況に合わせて最適なものを選択すればよいだろう。その事例や効果に

ついては経済産業省や総務省が調査しとりまとめたものなどが発表されている。経済産業省でのとりまとめを国際標準としたものが、国際標準化機構 (ISO) と国際電気標準会議 (IEC) による「情報技術―オンラインのプライバシーに関する通知と同意（ISO/IEC 29184）」である。現在 JIS 化が進められており、2022 年度には発行される予定となっている。事例なども含め、日本の法律に合致するための付属書も検討されているので、こちらを参考にしてほしい。

　このように利用者の信頼を得るための方策を考え実行するからといって、以前からのプライバシーポリシーをおろそかにしてよいということにはならない。こちらは法令で定められた事項や推奨事項を 1 カ所にまとめて記載するものという位置付けになる。特に複数のサービスを提供しているわけではなかったり個人情報の取り扱いが少なかったりする場合には、プライバシーポリシーのみで透明性を確保することになるであろう。

　次項からは、現在のプライバシーポリシーに求められていることを解説しているので、こちらは必須のものであると考えて用意してほしい。

4-2
プライバシーポリシーの必須記載事項

　プライバシーポリシーとは、安全管理措置において策定する基本方針のもと、保有個人データに関して本人が知り得る状態に置かなければならない事項を記載したものと考えていいだろう。

　個人情報保護委員会のガイドラインでは、安全管理措置の基本方針については、具体的に定める項目の例であって義務化はされていない。しかし、これまでの各省庁のガイドラインや認定個人情報保護団体の指針において

もほぼ同様であるので、事実上必須項目と考えるべきであろう。

1．安全管理措置における基本方針で求められている事項
　①事業者の名称
　②関係法令・ガイドライン等の順守
　③安全管理措置に関する事項
　④質問及び苦情処理の窓口
2．保有個人データに関して本人が知り得る状態に置くべき事項
　①個人情報取扱事業者の氏名または名称及び住所
　　（法人は、その代表者の氏名）
　②すべての保有個人データの利用目的
　　※プロファイリング等における注意事項あり
　③利用目的の通知の求めまたは開示等の請求に応じる手続き及び手数料
　　の額
　④保有個人データの安全管理のために講じた措置
　⑤苦情の申し出先
　⑥認定個人情報保護団体の対象事業者の場合は、その団体の名称及び苦
　　情解決の申し出先
　上記以外に、以下の内容が推奨事項として個人情報保護委員会のガイド
ラインに記載があるため、盛り込むべきである。
**3．保有個人データについて本人から求めがあった場合には、DM（ダイ
　レクト・メール）の発送停止など、自主的に利用停止などに応じるこ
　と**
**4．委託の有無、委託する事務の内容を明らかにするなど、委託処理の透
　明化を進めること**

4-3
注意事項

　一般にプライバシーポリシーと呼称されているが、本来は個人情報保護マネジメントシステム規格である日本産業規格の JIS Q 15001:2017 における「個人情報保護方針」と呼ばれるものである。企業など事業者の代表者が個人情報の収集、利用、提供などに関する保護方針として定めるものであり、原則として1社に一つ作成されるものとされている。

　最近では、プライバシー保護の観点から、個人情報以外の cookie や端末 ID、メールアドレスなどの個人関連情報の取り扱いについてもプライバシーポリシーに含めることが増えている。法律で義務化されているものと、業界団体や事業者独自の自主規制とが混在することになるため、整理して書き分ける方がよいだろう。

　また、サービスなどの利用規約や約款などの中に含めている例も見られるが、これは明確に分離すべきである。

　さらに、1社で複数のサービスやアプリケーションを提供している場合には、ひとつのプライバシーポリシーに集約すると長文になり過ぎたり、個々に異なる個人情報の取得や目的があるために複雑化したりするなど、利用者に理解しにくいものになりがちである。

　このような場合には法令で定められた基本事項は企業としてのプライバシーポリシーとし、個々のサービスやアプリケーションごとに「サービス・プライバシーポリシー」「アプリケーション・プライバシーポリシー」として独立させる方が好ましい。特に、スマートフォンのアプリケーションでは総務省のガイドライン及びスマートフォン・プライバシー・イニシアティブにおいて、アプリケーションごとのプライバシーポリシーを推奨しているので留意してほしい。

　プライバシーポリシーは、法律上の義務を果たすためだけではなく、表現の仕方で事業者の考え方が必然的に表れるものであり、利用者との信頼関係を構築する上で重要なものである。従って、分かりやすく簡潔にといった利用者視点での表現を心がけるだけにとどまらず、事業者としての倫理観や社会的責任が現れるものとして表現にも十分注意してほしい。

4-4
2022年施行の改正における留意点

　2022年施行の個人情報保護法改正では、公表事項が拡充され、また、越境移転においても情報の提供が義務付けられるなど、プライバシーポリシーに盛り込むべき内容が増えている。個々の内容についてはそれぞれのSTEPで詳述しているので、そちらを参照していただきたい。ここでは改正に際して追加されたものの要点を列記しておく。

1．個人情報取扱事業者に関する公表事項
　これまでは氏名または名称のみであったが、住所と法人の場合には代表者の氏名を公表しなければならなくなった。抜け漏れがないように一度プライバシーポリシーを再確認しておこう。

2．安全管理措置における公表事項（STEP4-5-1）
　個人データの取り扱いに関する責任者を設置していること、個人データを取り扱う従業者及び当該従業者が取り扱う個人データの範囲を明確化していることなどを記載する。

3．利用目的の特定（STEP4-5-2）

　本人が合理的な予測できないような個人データの処理（プロファイリングなど）をして利用する場合には、本人が予測できる程度に利用目的を特定し公表する。

４．外国にある第三者に提供する場合（STEP9-7）

１）本人の同意に基づく越境移転（STEP9-7-1）

　①移転先の所在国名

　②適切かつ合理的な方法で確認された当該国の個人情報保護制度

　③移転先が講ずる措置

　これらは、いずれも利用者に対して提供を義務付けられている。

２）基準に適合する体制を整備した第三者への越境移転（STEP9-7-2）

　①移転先における適正取り扱いの実施状況の確認

　②移転先における適正取り扱いに問題が生じた場合の対応

　③本人の求めに応じて「必要な措置」に関する情報を提供

　これらは安全管理措置の一環として、越境移転に際してどのような措置を取っているかを情報提供するものである。

　①や②については公表を義務化されているものではないが、最近の越境移転に関する利用者の不安の高まりや炎上防止の観点から記載しておく方が望ましいだろう。

　③は、専用の問い合わせ窓口を用意する必要はないが、問い合わせがあった場合に回答できるように準備しておく必要がある。内容についてはSTEP9-7-2で詳説しているので参照してほしい。また、この内容を①②のものとして、あらかじめプライバシーポリシーに記載しておくことも考えられるが、長文になり過ぎないように要点を簡潔にまとめる必要があるだろう。

ANNEX

ANNEX ①

用語と定義

1. 個人に関する情報

　個人に関する情報（パーソナルデータ）は大きく、個人情報、匿名加工情報とそれ以外に分類され、個人情報についてはさらに細かく分類される。

1-1
個人情報

　個人情報は、生存する個人の情報で、文書、図や写真、音声や動画、コンピューターでしか読めないデータなど、記録方法は問われない。これを前提として、基本的な定義は「特定の個人を識別することができるもの」となる。この中には、「他の情報と容易に照合することができ、それにより特定の個人を識別することができることとなるもの」も含まれている。

　例えば、住所で○○番○○号（集合住宅の場合は部屋番号）まで分かれば、市販の住宅地図で特定の個人を識別することは難しくない。このように、誰でも簡単に手に入れられるものと照合して、特定の個人を識別できる情報は、個人情報に含まれる。

　さらに、特に気をつけなければならないのは、単体の情報だけで個人情報となる氏名のようなものだけでなく、「組み合わせることによって特定の個人を識別することができる」ものをセットで持っている場合である。年齢や性別など、それだけでは特定の個人を識別できない情報でも、リストやデータベースなどで、氏名などと一緒に管理している場合、こういったものも個人情報に含まれる。つまり、特定の個人を識別できる情報とひも付いている個人に関する情報はすべて個人情報になるということだ。

　また、取得した時点では個人情報ではなくとも、後から情報を追加したり他の情報と照合したりした結果、特定の個人が識別できるようになった

図表　個人に関する情報の分類

名称		定　　義				例示
個人情報	特定個人情報	個人番号をその内容に含む個人情報（マイナンバー）				
	要配慮個人情報	本人に対する不当な差別、偏見その他の不利益が生じないようにその取り扱いに特に配慮を要するもの				本人の人種、信条、社会的身分、病歴、犯罪の経歴、犯罪により害を被った事実
	個人情報	（それだけで）特定の個人を識別できるもの	単独で個人情報となるもの			氏名
				個人識別符号	特定の個人の身体の一部の特徴	DNA、指紋、歩容データ、顔データ
					個人に付与される符号	パスポート、運転免許証
			組み合わせて個人情報となるもの			
		他の情報と容易に照合でき、それにより特定個人を識別できることとなるもの				住所と住宅地図
	仮名加工情報	他の情報と照合しない限り特定の個人を識別できないように加工した個人に関する情報（加工基準は個人情報保護委員会規則で定める）※共同利用、業務委託などで他の事業者が扱う場合には「個人情報ではない仮名加工情報」になる				
匿名加工情報		特定の個人を識別できないように個人情報を加工して得られる個人に関する情報であって、当該個人情報を復元できないようにしたもの（加工基準は個人情報保護委員会規則で定める）				
個人関連情報		生存する個人に関する情報であって、個人情報、仮名加工情報および匿名加工情報のいずれにも該当しないもの				クッキー（cookie）、おおまかな位置情報

場合は、その時点で個人情報となる。利用目的の通知または公表などの義務がただちに発生するので注意してほしい。

1-2
個人識別符号

　単体の情報だけで個人情報となるものは、「個人識別符号」と名付けられ、政令および委員会規則で指定されている。法律の文面は非常に分かりづらいが、下記のように理解してもらえばよいだろう。

①特定の個人の身体の一部の特徴を電子計算機のために変換した符号（一号個人識別符号）
　・本人を認証できるようにしたデオキシリボ核酸（DNA）を構成する塩基の配列
　・本人を認証することを目的とした装置やソフトウエアにより、本人を認証できるようにした顔認証データ、虹彩、声紋、歩容、手の静脈、指紋、掌紋およびこれらを組み合わせたもの

　　認証できるようにするためには、あらかじめ何らかの装置やソフトウエアで読み込む必要があるため、このような規定となっている。つまり、後から本人を認証することを目的として読み込んだ場合が、個人識別符号に該当することになる。
　　認証できるということは、登録された顔の容貌やDNA、指紋等の生体情報をある人物の生体情報と照合することで、特定の個人を識別することができる水準が必要であり、この水準の符号が個人識別符号となるとされている。DNAは塩基の組み合わせでしかなく、この組み合わせを指定すれば本人を認証できるようになるため、必ずしも装置やソフトウエアを必要としないので、一部書き方が異なっているが、意味合いは同じである。
　　この規定により、例えばカメラやビデオなどで写り込んだだけのものは個人情報に該当しないことが明確になった。

②対象ごとに異なるものとなるように役務の利用、商品の購入または書類に付される符号（二号個人識別符号）

旅券（パスポート）番号、国民年金番号、自動車免許証番号、住民票コード、特定個人情報番号（マイナンバー）、健康保険証・高齢者保険証・介護保険証・船員保険証などの記号や番号および保険者番号、外国人の旅券や在留カードの番号、私立学校教職員・国家公務員・地方公務員の共済の加入者および関連する者に関する番号、雇用保険の番号、特別永住者証明書番号

個人識別符号として定められたものは、政令や委員会規則で定められたものだけである。これらは、法令により定められたものであり、現時点では民間が発行したものは含まれていない。

1-3

要配慮個人情報

これまでセンシティブ情報や機微情報と呼ばれていたものが、要配慮個人情報として定義された。不当な差別や偏見その他の不利益が生じないように、その取り扱いに特に配慮するものとされているものである。

要配慮個人情報は、他の個人情報の規律に加え、取得の際には同意の取得が必要であり、第三者提供の際にはオプトアウト（データの利用停止）手続きは認められていない。

①人種

人種、世系または民族的もしくは種族的出身。単純な国籍や外国人、肌の色という情報は含まれない。

②信条

思想と信仰を含む個人の基本的なものの見方や考え方。

③社会的身分

個人にその境遇として固着していて、一生の間、自らの力によって容易にそれから脱し得ないような地位。職業的地位や学歴は含まない。

④病歴

病気に罹患した履歴。

⑤犯罪の履歴

有罪の判決を受けこれが確定した事実。

⑥犯罪により害を被った事実

被害の種類を問わず、犯罪の被害を受けた事実。

⑦身体障害、知的障害、精神障害（発達障害含む）その他の心身の機能の障害

身体障害者福祉法、知的障害者福祉法、精神保健および精神障害者福祉に関する法律、治療方法が確立していない疾病その他の特殊の疾病であって、障害者の日常生活および社会生活を総合的に支援するための法律に基づき、障害があることを診断または判定、障害者手帳の交付を受けているまたは過去に受けていたことなど。身体障害については、外見上明らかに法律の別表に掲げる身体上の障害があることも含まれる。

⑧医師その他医療に関連する職務に従事する者（医師など）による健康診断その他の検査の結果

ストレスチェック、健康測定、遺伝子検査なども含まれ、受診者本人の健康状態が判明する検査の結果は基本的にすべて該当する。

ただし、身長、体重、血圧、脈拍などの個人の健康に関する情報を、健康診断、診療などの事業およびそれに関する業務と関係ない方法により知り得た場合は該当しない。

⑨医師等により心身の状態の改善のための指導または診療もしくは調剤が行われたこととその内容

　※ガイドラインでは細かく、どのような目的の場合かなどが記されているが、現実的な対応としてはすべてが含まれると考えた方がよいだろう。
⑩犯罪の経歴以外の本人を被疑者または被告人として、逮捕、捜査、差し押さえ、拘留、公訴の提起その他の刑事事件に関する手続きが行われたこと
⑪本人を非行少年またはその疑いのある者として、調査、観護の措置、審判、保護処分その他の少年の保護事件に関する手続きが行われたこと

　これらを推知させるだけの情報は含まれない。例えば書籍の購買や貸し出しの履歴、Web 上の購買や閲覧履歴は推知させるだけのものであるので、要配慮個人情報とはならない。

1-4
匿名加工情報
本文参照

1-5
仮名加工情報
本文参照

　※個人情報である仮名加工情報と個人情報ではない仮名加工情報
　仮名加工情報を作成した事業者内で他部署などが仮名加工情報を利用する場合、同一事業者内では「他の情報と容易に照合することができ、それにより特定の個人を識別することができることとなるもの」という個人情

報の定義に該当するので、この仮名加工情報は個人情報となる。一方、共同利用や委託により他の事業者が仮名加工情報を利用する場合には、容易に照合できるものがないため、個人情報ではない仮名加工情報になる。

仮名加工情報は第三者提供ができないため、共同利用先や委託先の事業者は、個人情報でなくても第三者に提供できない。

1-6
個人関連情報

2022年施行の改正で定義づけられた「生存する個人に関する情報であって、個人情報、仮名加工情報および匿名加工情報のいずれにも該当しないもの」である。

個人情報とひも付いていない位置情報、クッキー（cookie）やcookieとひも付いたWebの閲覧履歴や購買履歴などが代表的であるが、個人を特定することはできないが識別することができるID（識別子）およびこれにひも付く情報はすべて該当する。また、個人情報から特定の個人を識別できないように加工した仮名加工情報、匿名加工情報は除かれる。

ただし「特定の個人を識別できないようにして第三者に提供する」ことに本人の同意を得て提供した情報は、提供先では個人関連情報となる。例えば氏名とcookieと履歴情報のうち、氏名を削除して第三者提供する場合、提供元では個人データの第三者提供として本人の同意を得る必要があるが、提供先では個人関連情報になる。

統計情報は個人との関係性が完全に失われているため、個人関連情報には該当しない。

2．個人データ・保有個人データ等

2-1
個人情報データベース等

「個人情報データベース等」とは、個人情報を検索できるように体系的に構成した、個人情報を含む情報の集合物である。いわゆる電子計算機でのデータベースだけではなく、紙ベースでリスト化されたり、五十音順に並べ替えたり、目次や索引を付けた物なども含まれる。

2-2
個人データ

個人情報を取得して個人情報データベース等を作成した場合、この個人情報データベース等を構成する個人情報が「個人データ」と呼ばれることになる。従って個人情報データベースに含まれていない個人情報は「個人データ」とは呼ばない。要配慮個人情報も個人情報に含まれるものなので「個人データ」である。

2-3
保有個人データ

「個人データ」のうち、本人またはその代理人から、開示、内容の訂正、追加または削除、利用の停止、消去および第三者への停止の請求を受けた際に、そのすべてに応じることができる権限を有するものを「保有個人デー

図表　個人データ・保有個人データ等の関係

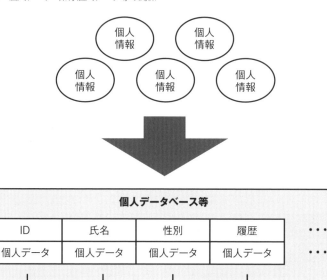

タ」という。

　権限を有するとは、個人データの存否が明らかになると公益やその他の利益が害されるものとして政令によって定められたもの以外ということである。政令で定められたものは以下である。

①本人または第三者の生命、身体または財産に危害が及ぶおそれのあるもの
②違法な行為または不当な行為を助長し、または誘発するおそれがあるもの
③国の安全が害されるおそれ、他国もしくは国際機関との信頼関係が損な

われるおそれまたは他国もしくは国際機関との交渉上不利益を被るおそ
れがあるもの
④犯罪の予防、鎮圧または捜査その他の公共の安全と秩序の維持に支障が
　及ぶおそれのあるもの

3. 通知、公表、知り得る状態、明示

3-1
本人に通知

　内容が認識される合理的かつ適切な方法により本人に直接知らせること。
　メール、FAX、郵便などでの送付、口頭または自動応答装置による告知、
ちらし等の文書の直接交付など。

3-2
公表

　合理的かつ適切な方法により不特定多数の人々が知ることができるよう
に発表すること。
　自社のホームページへの掲載、自社の店舗や事務所等の顧客が訪れる場
所へのポスターの掲示やパンフレット等の備置、配布、通信販売用のパン
フレットやカタログ等への掲載。

3-3

本人が知り得る状態／本人が容易に知り得る状態

　本人が知ろうとすれば、本人が確実に認識できる合理的かつ適切な方法で知ることができる状態が「知り得る状態」であり、すぐに簡単に知ることができる状態であれば「容易に知り得る状態」である。

　「容易に知り得る」の例は以下の通り。本人が閲覧することが合理的に予測される自社のホームページのトップページから1回程度の操作で到達できる場所へ分かりやすく継続的に掲載する、電子商取引（EC）サイトの商品ページや各所からのランディングページにリンク先を継続的に表示、自社の店舗や事務所の窓口などへ継続的に掲示や備置、本人に頒布されている定期刊行物への定期的な掲載など。

3-4

明示

　内容が認識される合理的かつ適切な方法により本人に明確に示すこと。

　匿名加工情報では、提供先に対して匿名加工情報であることを明示することが義務付けられている。これは、提供する際に相手に対してメールやFAX で、その旨伝えることである。Web などの場合は、その旨を伝えるページなどを挟むことや、あるいはポップアップを用意するなどである。

4. 本人の同意、本人の同意を得る

本人であることを確認できていることを前提として、本人が内容について承諾する旨の意思表示。また、本人の同意を得るとは、本人の承諾する旨の意思、表意を認識すること。

口頭、書面（電磁的記録含む）の受領、メール受信、同意確認欄へのチェック、同意ボタンのクリック、同意する旨の音声入力、タッチパネル、ボタンやスイッチなどへの入力など、何らかのアクションや記録が必要であると考えるべきである。

未成年者、成年被後見人、被保佐人および被補助人が判断できる能力を有していないなどの場合は、親権者や法定代理人等から同意を得る必要がある。

同意を得るために個人情報を利用すること（メールの送信や電話をかけることなど）は、当初特定した利用目的として記載されていない場合でも、目的外利用には該当せず、同意を得なくても利用できる。

5. 提供

自己以外の者が利用可能な状態に置くこと。物理的に提供されていない場合であっても、利用する権限が与えられており、いつでも利用できる状態にあれば該当する。例えば API（アプリケーション・プログラミング・インターフェース）により、いつでもネットワークを通じてデータを取得できる状態などである。

6．認証することを目的として

　個人識別符号に関する定義において、個人情報保護委員会のガイドラインで使用されている。ここでは、後から本人を認証することを目的として、あらかじめ何らかの装置やソフトウエアで読み込んだ場合を想定している。おおむね、本人を識別するために記録・保存している場合のことを言い、視認しただけやカメラなどに写り込んだだけの場合と区別するために使われている。

7．容易に照合

　個人情報の定義において「他の情報と容易に照合することができ、それにより特定の個人を識別することができることとなるものを含む」との規定がある。一般に容易照合性と呼ばれている。

　詳細な位置情報や住所が分かっている場合には、市販の住宅地図で特定の個人を識別できる場合があり、このように誰でも手に入れることが可能な情報のことを容易に照合できる情報という。

　一方、他の事業者や自社の他の部門などに、照合して特定の個人を識別できる情報があったとしても、手に入れることが困難であれば容易に照合できるとはいえない。基準は、通常の業務における一般的な方法で照合できるか否かとされている。

　2022年施行の改正で定義された仮名加工情報は、同一事業者内や共同利用、委託の際に、再識別されることがないように管理すること、つまり元の個人情報との対照表や加工方法の安全管理を徹底して、容易に照合できないように管理することによって利用が可能になる。

8. 一般人基準

　ガイドラインの匿名加工情報の作成基準の説明において、「特定の個人を識別すること、復元することが一般人や一般の事業者の能力や手法ではできない」とあり、このような基準を一般人基準という。また、安全管理措置においても「高度な暗号化」という記述があるが、これも同様に一般人基準を想定している。

　一般人基準は、客観的に見て一般的な人の能力では困難であるか否かを判断するため、専門家でないと不可能なものは基準からはずれることになる。ただし、近年の技術進歩により、一般人でも専門家並みの能力を持つツールなどを手に入れることにより可能になったものも多い。この場合には、そのようなツールを一般人が簡単に入手できるかどうかが、一般人基準となる。

　基本的には匿名加工情報を作成した時点、安全管理措置を施した時点の一般人基準で判断される。しかしながら、現在のように技術進歩が早い時代には、一般人基準も年々変化することが予想されるので、一定程度、将来を見据えた基準で考えなければならないだろう。「当然に予想されること」自体が一般人基準で考えられるのであれば、それに対応すべきであると考える必要があるだろう。

ANNEX ②

プライバシーポリシー例

プライバシーポリシー例

一般的なプライバシーポリシーの例
　以下は、認定個人情報保護団体の例を元に筆者が追記したものである。

（制定と改訂の履歴）
制定：0000 年 00 月 00 日
改正：0000 年 00 月 00 日
※制定日及び改正の履歴を明らかにすることが望ましい。

（責任者の明確化）
○○○○株式会社
東京都港区○○○○○○○○
代表取締役社長○○○○
※ 2022 年施行の改正で住所、代表者の明記が義務化された。

（宣言）
当社は、個人情報の取り扱いに関する方針を、次のとおり定め、これを公表するとともに順守します。

（法令等の順守）
当社は、お客様の個人情報の取得、利用その他の個人情報の取り扱いについて、個人情報の保護に関する法律、関連法令、ガイドライン及びこのプライバシーポリシーを順守します。
※個人情報保護委員会のガイドラインで求められている。

（利用者の権利利益の保護に関する取組）

当社は、個人情報保護に関する利用者の権利利益の保護のための主な取組として次を実施しています。

①本人の求めがあった場合、ダイレクト・メールの発送停止や電話勧奨の停止措置等を行います。

②当社は個人情報の取り扱いの全部又は一部を利用目的の範囲内で委託します。委託先は、個人情報を適正に取り扱うと認められるものを選定し、委託契約において、安全管理、秘密保持その他の個人情報の取り扱いに関する事項について適正に定め、必要かつ適切な監督を行います。

なお、委託する主な事務は次のとおりです。

・各種商品・サービスの販売・受付業務

・故障修理業務

・料金関連業務

・マーケティング調査業務

※利用者の権利利益の保護に関する具体的な取組を可能な限り記載することが望ましいが、この項の内容については、「ダイレクト・メール等の停止措置」、「個人情報の委託」、「利用目的の特定」、「適正な取得」などとして別途記載しても差し支えない。

（利用目的の特定及び公表）

当社は、当社が取得したお客様の個人情報の利用目的をできる限り特定の上、あらかじめ公表します。また、お客様から契約書等の書面に記載された個人情報を直接取得する場合は、あらかじめお客様に対して利用目的を明示します。利用目的については、×××をご覧下さい。

※必須事項。取得する項目と利用目的を一覧化して別途記載する。項目、利用目的が少ない場合は、ここに続けて記載しても良い。

※プロファイリング等、本人が合理的に予測できない個人データの処理を行う場合は、本人が予測できる程度に利用目的を特定しなければならない。以下のような例が考えられる。

①取得した閲覧履歴や購買履歴等の情報を分析して、趣味・嗜好に応じた新商品・サービスに関する広告のために利用いたします。

②取得した行動履歴等の情報を分析し、信用スコアを作成した上で、当該スコアを第三者へ提供いたします。

（利用目的の範囲内での利用）

当社は、あらかじめ特定し公表した利用目的の達成に必要な範囲内でのみお客様の個人情報を取り扱います。ただし、次の各号に該当する場合は、お客様の同意を得ることなく、あらかじめ特定し公表した利用目的の達成に必要な範囲を超えてお客様の個人情報を取り扱うことがあります。

・法令に基づく場合

・人の生命、身体又は財産の保護のために必要がある場合であって、お客様本人の同意を得ることが困難であるとき

・公衆衛生の向上又は児童の健全な育成の推進のために特に必要がある場合であって、お客様本人の同意を得ることが困難であるとき

・国の機関もしくは地方公共団体又はその委託を受けた者が法令に定める事務をすることに対して協力する必要がある場合であって、お客様本人の同意を得ることにより当該事務の遂行に支障を及ぼすおそれがあるとき

（適正な取得）

当社は、偽りその他不正の手段により個人情報を取得しません。また、個人情報の取得方法等については、△△にてご案内致します。

※少なくとも「適正な取得」を宣言しておくことが望ましい。また、取得元や取得方法（取得源の種類など）を明らかにする場合には、その旨を記載することが望ましい。

（保存期間）

当社は、利用目的に必要な範囲内でお客様の個人情報の保存期間を定め、

保存期間経過後又は利用目的達成後はお客様の個人情報を遅滞なく消去いたします。ただし、次の各号に該当する場合はこの限りではありません。

・法令の規定に基づき、保存しなければならないとき。

・本人の同意があるとき。

※個人情報の保存期間の設定については、法律では言及がないが、一部の省庁のガイドラインでは定めることが求められており、可能な限り設定し、公表するようにすべきである。

（安全管理措置）

当社は、お客様の個人情報を正確かつ最新の内容に保つよう努めるとともに、不正なアクセス、改ざん、漏洩、滅失及び毀損から保護するため、必要かつ適切な安全管理措置を講じます。

※2022年施行の改正で安全管理のために講じた措置の公表が義務付けられた。以下のような例が考えられる。

入退室管理、持ち込み機器の制限、情報へのアクセス制限、盗難防止措置、不正アクセス防止措置などの実施。

※海外で個人データを保管している場合には、当該外国の個人情報保護に関する制度を把握した上で安全管理措置を行うことが求められており、制度についての情報提供と実施している安全管理措置について公表する必要がある。以下のような例が考えられる。

①当該外国はOECD 8原則に則った個人情報保護法があり、当社は現地企業と日本の個人情報保護法と同等の規律による委託契約を結び、毎年監査を実施しています。

②当該外国の個人情報保護制度には日本と同等の安全管理措置が定められていないため、現地企業との委託契約において日本と同等の規律を定めるとともに、日本からの常時監視を行っています。

（従業者の監督）

当社は、お客様の個人情報の安全管理が図られるよう従業者に対する必要かつ適切な監督をします。また、従業者に対して個人情報の適正な取り扱いの確保のために必要な教育研修を実施します。

（委託先の監督）
当社は、各種商品・サービスの販売・受付業務、故障修理業務、マーケティング業務その他の業務において、個人情報の取り扱いの全部又は一部を利用目的の範囲内で委託します。この場合において、当社は、個人情報を適正に取り扱うと認められるものを選定し、委託契約において、安全管理、秘密保持、再委託の条件その他の個人情報の取り扱いに関する事項について適正に定め、必要かつ適切な監督を実施します。
※委託について透明性を高めることが求められており、可能な範囲で委託先の選定や安全管理措置、委託の内容を記載する。

（第三者への提供）
当社は、次の各号に掲げる場合を除き、お客様の同意を得ないで、第三者にお客様の個人情報を提供することはしません。
・法令に基づく場合
・人の生命、身体又は財産の保護のために必要がある場合であって、お客様本人の同意を得ることが困難であるとき
・公衆衛生の向上又は児童の健全な育成の推進のために特に必要がある場合であって、お客様本人の同意を得ることが困難であるとき
・国の機関もしくは地方公共団体又はその委託を受けた者が法令に定める事務をすることに対して協力する必要がある場合であって、お客様本人の同意を得ることにより当該事務の遂行に支障を及ぼすおそれがあるとき

（匿名加工情報）

当社は、取得した個人情報を匿名加工情報として第三者に提供します。当社は匿名加工情報の作成においては個人情報保護委員会の基準を順守し、認定個人情報保護団体の加工方法に従うものとします。また、匿名加工情報の作成及び取り扱いについて安全管理措置を行い、必要かつ適切な監督を実施します。当社が提供する匿名加工情報における個人に関する情報の項目は□□□をご覧ください。

※匿名加工情報を作成した場合には当該情報に含まれる項目を公表しなければならない。また、第三者提供する場合には提供する情報の項目と提供方法を公表しなければならない。さらに、努力義務として安全管理措置、苦情の処理などの措置を自主的に講じて、その内容を公表するよう求められている。

（開示等の求め）
お客様が個人情報の利用目的の通知、又は個人情報の開示、又は訂正、追加もしくは削除又は利用の停止もしくは第三者への提供の停止を希望される場合は、当社が別に定める手続きに従って下さい。
手続きについては、＃＃＃をご覧下さい。
※必須事項。2022年施行の改正では、開示について電磁的記録の提供が定められたため、開示情報を指定した形式のファイルにしてメールに添付、ウェブサイトからダウンロードなど電磁的記録ファイル形式や提供方法を定めて記載する必要がある。手続きを定めなかった場合は、申し出者の求める方法に従わなければならなくなるので注意が必要。

（苦情の処理）
当社は、個人情報の取り扱いに関するお客様からの苦情その他のお問い合わせについて迅速かつ適切に対応いたします。
苦情その他のお問い合わせは以下にて承っております。
・対応窓口の名称

・対応窓口の連絡先
・対応窓口の受付時間
※必須事項。受付時間や休業日などについても記載することが望ましい。

（認定個人情報保護団体）
当社は、認定個人情報保護団体である○○○○の対象事業者です。当社の個人情報の取り扱いに関する苦情については、○○○○に申し出をすることもできます。
・対応窓口の名称
・対応窓口の連絡先
・対応窓口の受付時間
※認定個人情報保護団体の対象事業者の場合は必須。

（漏洩発生時の対応）
お客様の個人情報の漏洩等が発生した場合には、事実関係を速やかにお客様に通知するなど適切な対応を行います。

（継続的改善）
当社は、個人情報保護に関する内部規定の整備、従業者教育及び内部監査の実施などを通じて、社内における個人情報の取り扱いについて継続的な改善に努めます。
※漏洩発生時の対応、継続的な改善については、事業者の姿勢を明示し、利用者の信頼感を高めるために宣言したほうが好ましいとされるもの。

APPENDIX

※ 改正の頻度が上がっているため、資料が格納されている Web サイトを
　　掲載

【個人情報保護委員会】

個人情報保護法及びガイドライン、Q&A など
　　https://www.ppc.go.jp/personalinfo/legal/
認定個人情報保護団体一覧、指針など
　　https://www.ppc.go.jp/personalinfo/nintei/

【総務省】

電気通信事業における個人情報に関するガイドライン
　　https://www.soumu.go.jp/main_sosiki/joho_tsusin/d_syohi/telecom_
　　perinfo_guideline_intro.html

【IoT 推進コンソーシアム / データ流通促進 WG】

経済産業省、総務省によるガイドブック、事例集等
・DX 時代における企業のプライバシーガバナンスガイドブック
・カメラ画像利活用ガイドブック
・新たなデータ流通取引に関する検討事例集
　　http://www.iotac.jp/wg/data/

【認証関連】

ISMS（情報セキュリティマネジメントシステム）
　　https://isms.jp/
P マーク（プライバシーマーク）
　　https://privacymark.jp/
CBPR（APEC 越境プライバシールールシステム）
　　https://www.jipdec.or.jp/protection_org/cbpr/index.html

【民間の活動】

情報銀行（日本 IT 団体連盟）

  https://www.tpdms.jp/index.html

インターネット広告のガイドライン等（日本インタラクティブ広告協会）

  https://www.jiaa.org/gdl_siryo/

【海外の制度情報】

欧州委員会のデータ保護に関するポータルサイト（英語）

  https://ec.europa.eu/info/law/law-topic/data-protection_en

NIST（米国国立標準研究所）のプライバシー関連

  ・Privacy Framework

    https://www.nist.gov/privacy-framework

  ・SP 800-53 Rev.5（Security and Privacy Controls for Information Systems and Organizations）

    https://csrc.nist.gov/publications/detail/sp/800-53/rev-5/final

中華人民共和国個人情報保護法

  http://www.npc.gov.cn/npc/c30834/202108/a8c4e3672c74491a80b53a172bb753fe.shtml

※個人情報保護委員会による海外の関係法令の仮日本語訳

  https://www.ppc.go.jp/enforcement/infoprovision/laws/

※ IPA による NIST 文章の翻訳

  https://www.ipa.go.jp/security/publications/nist/index.html

あとがき

　前回の拙著のあとがきでは、現在、喧伝されているデジタルトランスフォーメーション（DX）を想定し、プライバシー関連で取り残されている事項について触れた。このうちプロファイリングは利用目的の特定としての公表、データポータビリティーについては開示請求の際の電磁的方法という形で、かろうじてその片りんが見られる程度であり、現行の個人情報の定義の中では対応が難しいことがあらためて明らかになったと言えるだろう。

　プロファイリングもデータポータビリティーも個人情報に限らないものであり、より大きな枠組みの中で考える必要がある。必ずしも個人情報が含まれていなくてもプライバシーへの影響は起こり得る。外部からの観測による環境分析により、人々の行動変容を起こさせることも可能である。このように見ていくと、プライバシーの保護とは個人のみを対象とするのではなく不特定多数の人々について、差別、不利益、不安を与えないというアウトカムベース（成果主義）で考えることが必要になってきているのではないだろうか。

　これを裏付けるかのように、総務省の「プラットフォームサービスに係る利用者情報の取扱いに関するワーキンググループ」では、通信にともなって流通する情報は通信関連プライバシーとして保護されるべきもので、その取り扱いはアウトカムベースで考えるべきであるという考え方を提言している。情報を個別に分類して規律するのではなく、対象となる情報を広くとらえて、情報の使われ方やその結果から規律を考えるというものである。

　また、一部のプラットフォーム事業者は情報のゲートキーパーとしての責任を問われ、これに対処すべく進めたプライバシー保護対策が取引事業者を締め付けるものとなり、公正な市場競争を損なう現象も現れている。

その結果、プライバシーと市場競争とはトレードオフの関係にあるとする
考えが広がりつつある。

　公正な市場競争とは消費者利益を守るために事業者間での差別、不利益
を排除することが基本であり、事前規制ではなくアウトカムベースである。
プライバシー保護、市場競争のいずれにおいても個別分類しての事前規制
では、結果をコントロールできないということであり、消費者にも事業者
にも差別や不利益を与えないというアウトカムから見直すことが求められ
ている。従って、プライバシー保護の施策についてもアウトカムベースの
考え方への転換が急務であろう。

　前著では、過渡期の最初の一歩にすぎないと表現したが、今回は過渡期
の第1段階の終焉に近いだろう。個人情報保護法がその本質を変えること
になるのか、それ以外でカバーすることになるのかはまだ見通せない。し
かし、個人情報保護からプライバシーガバナンス、データガバナンスへの
拡大は、ガバナンス＝統治の語彙からも分かる通りアウトカムのリスクマ
ネジメントへの移行を意味する。企業はもちろん法令順守は必須であるが、
これからは法令順守を包含するリスクマネジメントを目的とするガバナン
スの構築が、プライバシー保護の領域においても必要になってくる。

　プライバシーに関連する情報は、後から同意を取り直すことは難しいな
ど、一度ビジネスを構築してしまうと手戻りが極めて困難である。従って、
事業継続性に関わるリスクマネジメントとして将来を見越した対応が重要
だ。この点を念頭に、単に本書に書かれた通りに実行するというのではな
く、将来にわたって安定して事業継続するためにはという視点で本書を参
考に施策を考えて欲しい。

本書の執筆に当たり、政府・官公庁、業界団体、有識者の皆様に、多大な
るご指導、ご協力をいただきました。末筆ながら、感謝の意を表します。

■著者略歴

寺田 眞治（てらだ・しんじ）

日本情報経済社会推進協会（JIPDEC）電子情報利活用研究部主席研究員。モバイル・コンテンツ・フォーラム（MCF）常務理事、融合研究所上席研究員。

神戸新聞、オムロンのハウスエージェンシーにおける企画職を経て、インターネットのコンテンツ、メディア、マーケティング分野での起業、経営戦略、海外事業、M＆Aなどに従事するとともに、業界団体の役員を歴任。

総務省、経済産業省などの通信政策、国際競争、青少年保護、個人情報保護などに関する委員やオブザーバーを務め、関連する書籍の執筆や専門誌への寄稿も多数。

個人データ戦略活用
ステップで分かる

改正個人情報保護法
実務ガイドブック

2021年10月18日	第1版第1刷発行	
2022年3月16日	第1版第2刷発行	
著　　　者	寺田 眞治	
発　行　者	吉田 琢也	
発　　　行	日経BP	
発　　　売	日経BPマーケティング	
	〒105-8308 東京都港区虎ノ門4-3-12	
装　　　丁	葉波 高人（ハナデザイン）	
制　　　作	ハナデザイン	
編　　　集	大豆生田 崇志、大谷 晃司	
印刷・製本	図書印刷	

ⓒ Shinji Terada 2021 Printed in Japan
ISBN978-4-296-11092-6

本書籍に関するお問い合わせ、ご連絡は下記にて承ります。
https://nkbp.jp/booksQA